태풍을 품은
엄마

태풍을 품은
엄마

초판 1쇄 인쇄 2019년 1월 3일
초판 1쇄 발행 2019년 1월 9일

지은이   이원영

펴낸이   강기원
펴낸곳   도서출판 이비컴

디자인   이유진
일러스트 윤소정
마케팅   박선왜 원보국

주 소   서울시 동대문구 천호대로81길 23, 201호
전 화   02-2254-0658   팩 스 02-2254-0634
등록번호 제6-0596호(2002.4.9)
전자우편 bookbee@naver.com
ISBN   978-89-6245-162-7 (03590)

「이 도서의 국립중앙도서관 출판예정도서목록(CIP)은 서지정보유통지원시스템 홈페이지
(http://seoji.nl.go.kr)와 가자료공동목록시스템(http://www.nl.go.kr/kolisnet)에서 이용하실
수 있습니다.(CIP제어번호: CIP2018038350」

태풍을 품은 엄마

좋은 부모는 어떻게 되는가?
좋은 부모는 어떻게 하는가?

이원영 지음

이비락 樂

추천의 글 · 하나
~~~~~~~~~~~

책을 읽고 이렇게 길고 짙은 여운이 남는 경우는 얼마나 될까?

추천 글을 쓰는 사람이 먼저 감동 받고 추천사를 쓸 자격이 있는지 고민되는 일이 있을까? 추천사를 쓰면서 든 솔직한 마음이다.

저자의 잔잔한 경험을 솔직담백하게 쓴 글이라서 술술 읽혔다. 그런데 이상했다. 읽을수록 알 수 없는 기운이 솟구쳤다. "그렇지. 바로 이거야!" 하는 감탄이 절로 나왔다. 내가 40년 동안 교단에서 가르치고 강조했던 것들을 그대로 실천하다니 이게 웬일인가? 강의 한 번도 들은 적이 없는데 어찌 이렇게 통할까? 신기하기도 하고 작은 떨림까지도 나타났다.

그렇다. 교육자로 살아온 내게 40년 동안의 키워드를 내놓으라면 크게 세 가지다. 하나는 자기 성찰이고, 다른 하나는 소소한 일상의 존중과 가치의 발견. 마지막으로는 진정성이다. 이 책에는 이 세 가지가 깊고 탄탄하게 담겨 있다. 그래서 공감하는 마음이 더 컸던 모양이다.

성찰이란 무엇인가? 자기 생각과 습관을 돌이켜 인식하고 냉엄하게 분석하며 자기 조절을 통해 최적의 방법을 찾아 실천하는 능력 아니던가? 이것이 발달하면 자신의 강점과 약점을 정직하게 인식할 수 있고 자존심 상하지 않고 인정하게 되며, 편한 마음으로 더 좋은 만남과 방법을 찾을 수 있다는 것이 아니던가.

저자는 이를 '나를 돌아보는 것'이고 '자기성찰 지능'이라 하였다. 그것은 위인들이나 성공한 사람들의 공통적 특징임을 강조하였다. 또한 부모에게 그것이 얼마나 발달하였느냐에 따라 자녀교육의 성패가 갈릴 수 있음을 강조하였다. 성찰력 또는 자기성찰 지능은 부모 자녀 관계에서만 중요한 것이 아니다. 그것은 자신과 다른 사람과의 관계, 그리고 사회에 활력을 증진할 수 있다. 그래서 사회적 자산이고 동력이라고도 할 수 있다.

그런데 책을 읽다 보면 저자는 누구도 따를 수 없을 만큼 그것이 발달해 있음을 알게 된다. 정확히 말해 이 책은 저자의 뛰어난 자기성찰 지능이 발휘되어 탄생한 가정교육 지침서이다. 좋은 부모가 되려는 분들, 따뜻한 만남과 행복한 사회를 소망하는 이들에게는 귀중한 자기계발의 교본이 될 만하다. 특히 태풍보다도 위력이 큰 자녀 문제 때문에 고민이 깊은 분, 좀 더 뜻깊은 자녀교육을 해보고 싶은 분들에게 유익한 보약이 될 것이다. 무엇보다 모든 내용이 자신이 직접 경험하고 느낀 이야기를 바탕으로 하고 있고, 자녀와 가족을 넘어선 사람 존중과 행복한 사회에 대한 간절한 소망이 담겨 있어서 읽는 이에게 삶의 의욕까지 솟아나게 한다. 덤으로 어느덧 자신의 자기성찰 지능이 쑥쑥 자라는 것을 실감할 것이니 자신 있게 추천하는 바다.

사실 좋은 부모 되기가 그렇게 녹록한 현실은 아니지 않은가. 다짐하고 또 다짐해도 쉽게 무너져 자신이 미워질 때도 있다. 자녀교육에서 칭찬이

명약이라는 것을 왜 모르겠는가. 부딪치다 보면 불쑥 화가 나기도 하고 욱하고 화가 솟는 걸 어쩌란 말인가. 저자는 그것을 너무나 잘 알고 있고 자신도 수없이 무너졌음을 고백한다. 그래서 그녀는 부모이기 이선에 사기 자신이 되라, 잘못한 것보다 잘한 것을 찾아보라고 권하고 있다. 엄마이기 전에 자신의 정체성이 먼저라고 서두를 장식한다. 그리고 그러한 경험을 진솔하게 소개하고 간곡하게 권한다. 아니 토닥토닥 위로를 해주고 손잡아 일으켜 세워주려 한다.

이것이 이 책이 주는 강점이자 추천의 근거이다. 세상에는 좋은 부모가 되는 법, 자기를 존중하고 사랑해야 함을 주장하는 책이 수없이 많다. 그러나 상당수는 완벽주의, 이상주의, 교조주의가 숨어 있다. 그래서 부담스럽기도 하고 자괴감에 빠지게도 한다. 저자는 사람의 실수와 모자람을 오히려 당연시하고 위로부터 한다. 그 때문에 절대로 자괴감을 느끼거나 좌절하지 말라고 한다. 간곡한 호소이다.

또한 저자는 세상의 최고 존엄인 우리들의 어머니처럼 사랑을 쏟아낸다. 자녀도, 부모도, 그리고 우리가 모두 사랑받기 위해 태어난 사람이라는 것을 일깨워주려 한다. 자녀교육에서 공감이 중요하다고 말하면서 읽는 이들의 마음의 눈높이까지 맞추려 하는 배려가 돋보인다.

이에 못지않게 이 책을 추천하는 이유가 또 있다. 그것은 우리의 소소한 일상을 가치 있는 현실로, 아주 시시하고 마구 버려도 되는 것이 아니라, 잘만하면 엄청난 보물이 될 수 있음을 가르쳐 준다는 것이다. 그렇다. 우리는 자주 우리의 소소한 일상을 너무 가볍게 지나 보낸다. 이 책은 우리가 밥을 먹고 노는 일, 어쩌다 영화를 보거나 여행을 하는 일 등 모든 것들이 내 귀중한 생애이고 추억이며 멀고 먼 미래를 향한 발걸음임을 가르쳐 주고 있다. 그리고 가능하면 그것들을 먼 훗날 "그(녀)는 나의 멘쉬였어."라는 말을 들을 수 있도록 하면 더 좋지 않겠느냐고 자극하고 응원해 주고 있다. 무엇보다도 그 모든 것들이 그의 뜻을 다하고 정성을 다하는 '진정성'으로 가득 차 있으니 어디에서 이만한 책을 구하겠는가? 평생 교육자에게도 부끄러움과 용기를 함께 주니 고맙다 아니할 수 없다.

최현섭

전 강원대 총장

좋은 부모는 어떻게 '되는가'?
그리고 좋은 부모는 어떻게 '하는가'?

'태풍을 품은 엄마'의 질문은 세상 모든 부모의 질문이리라. 내가 답을 내기에는 아직도 어렵게 느껴지는 질문이다. 특히 엄마가 되어 본 적이 없는 아빠, 그것도 공부만 하느라 부모 노릇을 올바로 못한 나이기에 아직도 잘 모르겠다. 그렇기에 나이 사십이 넘은 자식들에게 나는 부모로서 자신감이 별로 없다. 나는 세상에서 가장 어려운 것이 좋은 부모 되기라고 생각한다.

그런데 "태풍을 품은 엄마"는 어떻게 좋은 부모가 되고, 아이들에게 어떻게 할 것인가를 젊은 엄마의 자기 성찰과 육아의 삶을 진솔하게 보여주고 있다. 작가는 먼저 엄마의 자기 정체성과 자존감이 먼저라고 말하며 그것을 찾고 세워나가는 엄마 되기의 여정을 눈물과 사랑으로 고백하고 있다. 그리고 부모의 역할, 특히 엄마는 자녀에게 어떻게 하는가를 여러 사례를 소재로 젊은 엄마들에게 형제에게 말하듯 이야기한다. 아이의 정체성, 자존감, 가치관, 그리고 아이와의 의사소통을 말하고 있다.

역할 모델로서 부모의 행동도 중요하지만, 아이들이 무엇을 읽고 무엇을 보는가 역시 아이들의 마음과 생각과 미래를 만든다. 그래서 이 책의 부록 또한 매력적이고 유용하다. 작가는 엄마로서 나를 찾기 위해 시도해 보면 좋을 책과 영화, 다큐멘터리를 간략히 설명하고 또한 아이와 함께 읽을 책, 함께 볼 영화와 다큐멘터리도 소개한다.

　작가 이원영은 내가 사랑하는 제자이다. 고려대학교에서 만났고 한국 리더십학교에서 또 만났다. 지난 20여 년을 함께 하면서 제자가 태풍의 계절을 겪고 성장해서 결혼하여 엄마가 되고 아이들을 어떻게 키우고 있는지 지켜보았다. 책을 쓴 제자가 자랑스럽다. 좋은 부모가 되기를 간절히 소망하는 나의 사랑하는 딸, 아들 그리고 제자들이 이 책을 읽었으면 좋겠다.

이장로

고려대학교 명예교수, 한국리더십학교 교장

초대형 태풍에서
태풍을 품는 이로

두 쪽 난 정체성

1980년대 한참 중남미 이민이 붐이었던 시절. 부모님은 좀 더 나은 환경에서 아이들을 교육하고 싶다는 마음과 새로운 삶의 개척에 대한 도전의식을 갖고 삼 남매를 데리고 연고도 없는 남미 아르헨티나까지 이민을 떠났습니다. 우여곡절 끝에 도착한 그곳은 꿈과 도전의 땅만은 아니었습니다. 아버지가 믿었던 친구에게 사기를 당하고 전 재산을 날리면서 모든 것을 밑바닥부터 다시 시작해야 했던 이민 생활은 쉽지 않았습니다. 당장 오늘 먹을 것을 걱정해야 했기에 밤늦게까지 봉제공장 일을 도와야 했고, 무엇보다도 사기 이민 때문에 신분이 확실하지 않은 불법체류자 신분으로 수 년을 보내면서 제 어린 시절에는 보이지 않는 그늘과 주름이 만들어졌습니다.

한참 사춘기를 지나던 중학교 시절, 반으로 갈라진 정체성 때문에 고민이 많았습니다. 어떤 상황에서 취할 행동을 결정할 때, 쪼개진 정체성이 반영된 가치관을 이용해 더듬거리듯 결정해야 했으므로 느리고, 자신없고, 만족스럽지 못한 결과를 받아들여야 하는 것이 어린 마음에 상처가

되었습니다. '부모가 한국인이고 한국에서 태어났으니 한국 사람이 맞다'
는 가정 안의 의견과 '현지 학교를, 현지 언어로, 현지 친구들과 함께 다니
며 현지 정부의 지원을 받아 현지 역사와 지식을 현지 방식으로 습득하고
활동해야 하므로 현지 사람에 더 가까워야 하는 것이 아닌가' 하는 학교
내에서의 의견이 충돌하였습니다. 집안에서는 꼭 한국말만 쓰길 원하셨
던 부모님에 반하여 일부러 현지어를 쓰거나 한국 음식보다는 현지 음식
을 더 좋아하는 척하여 상처를 드렸습니다. 학교에서는 한국이랑 일본 중
국을 싸잡아 놀리는 아이랑 말다툼하고 반 전체 아이들과 등을 돌렸던 적
도 있었습니다. 어떤 질문이든 손을 들기에 앞서 내가 지금 어느 입장에
서 의견을 가지고 있는가를 사전 검열해야 했기에 발표할 기회는 거의 오
지 않았습니다.

인생의 멘토 IUTCH^{이우츠} 선생님과의 만남

조용하고 왠지 음침한 노란 피부의 동양 여학생. 그것이 제 스스로 만
들어 낸 이미지였습니다. 그런 제게 IUTCH 선생님과의 만남은 기적의 시
작이었습니다. 독일계 유대인 과학 고등학교에서 가장 존경받는 랍비 같
은 존재였던 도덕 선생님. 그는 저의 혼란에 구체적인 답을 찾을 수 있게
도와주었습니다. 나는 한국인일까? 아니면 현지인일까? 고민하는 제게
"너는 한국에서 태어나 현지에서 살고 있는 원영"이라고 답해 주고, 어떤
가치를 결정 기준으로 삼아야 할까?를 고민하자 "부모님이 너를 키우면
서 가장 자주 말씀하시는 것을 참고하라"고 조언해 주셨습니다. 아빠가
'세상 어디에 떨어뜨려 놔도 살아남는 사람으로 키우고 싶다'는 말씀을

입버릇처럼 하셨던 것이 생각났고, 거기서 저는 '적응력'이라는 단어를 뽑아내어 인간관계(친구), 학습능력(공부), 신앙생활(교회)에 적용할 긍정적인 행동 기준을 만들었습니다. 어디서든 적용하려면 일단 다른 사람과 의사소통 능력이 필수이니 영어나 스페인어를 좀 더 열심히 공부하고 한국어도 잊어버리지 말아야겠다고 다짐했고, 웃는 얼굴에 침 못 뱉는다고 표정을 밝게 하는 것이 중요하겠다는 생각에 거울을 보고 웃는 표정을 만드는 연습도 했습니다. 부담스럽고 하기 싫은 것으로만 생각되던 공부를 저를 긍정적으로 표현할 수 있는 도구로 사용해야겠다고 결심하여 '공부가 내 명함 되게 하기' 프로젝트도 암암리에 진행했습니다.

세계 어디를 가도 때와 장소에 상관없이 제게 의지와 힘이 되어주는 존재(하나님)에게 더 간절히 기도하고, 매일 새벽기도를 나가기도 했습니다. IUTCH 선생님은 "나는 무엇 때문에 태어났고 여기서 자라고, 살고 있는가?" 질문에 대한 답을 두려움 없이 가설을 세우듯이 막 던져가며 해 볼 수 있게 멍석을 깔아주고, 자연스럽고 진지한 표정으로 "한국과 이곳을 이어줄 귀한 다리가 되려고 그런가 보지."라고 의견을 내셨습니다. 선생님이 저를 가르치실 때 사용한 방법이 요즘 한국에서 유명한 유대인 토론식 수업 방법인 '하브루타'였음을 알게 된 것은 한참 후였습니다.

물리적으로도 지구 정 반대편, 어떻게 보면 서로에게 땅끝이라 할 수 있는 위치의 두 나라 사이에 연결고리 역할이 나의 사명이자 인생의 목적(mission)일 수도 있겠다는 생각에 미친 순간 나는 나도 모르게 손을 머리 위로 들고 올레!를 외쳤고 그 후로 한동안 나의 꿈은 외교관이었습니다.

한국인으로서, 그리고 세계인으로서 '200프로의 정체성'을 가지고 내가
뭔가 할 수 있는 일이 분명 있을 것이라는 생각을 하며 한국으로 대학을
왔습니다.

드림 버퍼 Dream Buffer 이원영에게 청소년 상담이란

대학 학사는 스페인어, 대학원 석사학위는 국제 경제학으로 받은 제가
처음으로 출판하는 책 내용이 왜 청소년과 학부모의 꿈과 정체성에 관련
된 것일까요?

저는 대학교 재학 시절 '강남에서 잘 나가는' 성적 잘 올려주는 유능한
과외선생이었습니다. 처음에는 영어를 가르치다가 점점 공부 내용이 지
도 과목과는 전혀 상관없는 정체성과 자존감, 꿈에 관한 것으로 바뀌었습
니다. 아이들이 저와의 과외 수업시간에 영어도, 수학도 아닌 내용의 대
화를 하고 뭔가 적는데 일정 기간이 지나면 이상하게도 그 아이들의 성적
이 오르는 겁니다. 대학 4년 대학원 2년 동안 다양한 상황의 아이들과 꿈
과 진로 관련된 1대1 과외를 할 수 있었습니다.

2010년 수능 시험이 끝나고 이튿날, 저와 어릴 때 공부를 했던 한 고3
학생이 떨리는 목소리로 전화를 하였습니다. "쌤, 제 베프가 어제 자살했
어요." 그리고 한동안의 침묵. 수화기 너머로 전해져오는 아주 가까웠던
친구의 죽음으로 인한 슬픔과 절망, 그리움과 두려움, 아픈 감정의 쓰나
미. 그녀는 몇 년 전, 좌충우돌 방황하던 중1 겨울에 저와 영어 과외로 1년
간 인연을 맺었는데 영어보다는 다른 질문이 많았던 학생이었습니다. 내

가 누구인가(정체성), 자기 자신을 좋아하는가(자존감) 관련해서 깊은 대화를 했었지요. 몇 년 만에 연결된 통화에서 자신의 베프의 비보를 전하며 저에게 잊지 못할 한마디를 했습니다.

"만약, 친구가 선생님의 수업만 같이 들었어도 이렇게 되지는 않았을 텐데, 함께 하자고 권하지 못한 제가 너무 미워요."

"응? 그 친구는 영어를 아주 잘하는 학생 아니었어?"

"쌤, 우리가 영어만 공부했던 게 아니잖아요. 더 중요한 이야기를 많이 했었잖아요. 왜 살아야 하는지, 어떻게 사는 삶이 정말 가치 있는 멋진 인생인지, 그러면 무엇을 먼저 해야 할지에 대해 쌤과 했던 이야기들이 그동안 공부로 스트레스 많이 받고 마음이 힘들 때 큰 지지대가 되어 주었어요. 그리고 공부가 전부는 아니라는 쌤의 입버릇이 제게도 붙어서 한동안 엄마가 못마땅해하기도 하셨지만 어쨌든 제 자신을 다독이는데 그만한 문장이 없었어요. 제 친구는 그런 말을 들어보지 못한 거예요. 그래서 견디지 못하고 가 버린 거예요. 저라도 그런 이야기를 해 줬어야 하는데. 엉엉…… 꼭 제가 죽인 것 같아요."

울먹이며 흐리는 말끝에 진한 아쉬움과 함께 이런 이야기를 다 쏟아낼 수 있는 저의 존재에 대한 무한한 신뢰와 애정이 느껴졌습니다. 한동안의 감정 태풍이 지나가고 좀 진정되자 제 근황을 물었습니다. 어린 아기를 키우고 있다고 이야기하니 그 여학생은 정색하고 제게 말했습니다.

"쌤, 절대 학생 가르치는 일을 그만두시면 안 돼요. 지금은 아기가 너무 어리니 할 수 없지만 시간이 지나고 아이가 크면 꼭 다시 수업하셔요. 선생님의 그 수업이 저를 살렸다고 생각해요. 혼란스러울 때 옆에서 누군가가 바른 질문을 하고 답을 찾을 수 있게 기다려주기만 한다면 이 땅에 자살하는 학생은 없어질 거라 생각해요. 저도 이제 대학생이 되니 가르치는 아르바이트를 하게 되겠지요. 그러면 쌤이 제게 가르쳐주신 방법대로 할 거예요."

한참의 통화를 마치고 무너지듯 주저앉은 저는 문득 박노해 시인의 시를 떠올렸습니다.

안데스 산맥 만년설산
가장 높고 가장 깊은 곳에 사는
께로족 마을을 찾아가는 길에

희박한 공기는 열 걸음만 걸어도 숨이 차고
발길에 떨어지는 돌들이 아찔한 벼랑을 구르며
태초의 정적으로 깨뜨리는 칠흑 같은 밤의 고원
어둠이 이토록 무겁고 두텁고 무서운 것이었던가.
추위와 탈진으로 주저앉아 죽음의 공포가 엄습할 때

신기루인가
멀리 만년설 봉우리 사이로

희미한 불빛 하나
산 것이다

어둠 속에 길을 잃은 우리를 부르는
깨로족 청년의 호롱불 하나

이렇게 어둠이 크고 깊은 설산의 밤일지라도
빛은 저 작고 희미한 등불 하나로 충분했다

지금 세계가 칠흑처럼 어둡고
길 잃은 희망들이 숨이 죽어가도
단지 언뜻 비추는 불빛 하나만 살아 있다면
우리는 아직 끝나지 않은 것이다

세계 속에는 어둠이 이해할 수 없는
빛이 있다는 걸 나는 알고 있다
거대한 악이 이해할 수 없는 선이
야만이 이해할 수 없는 인간정신이
패배와 절망이 이해할 수 없는 희망이
깜박이고 있다는 걸 나는 알고 있다

그 토록 강력하고 집요한 악의 정신이 지배해도

자기 영혼을 잃지 않고 희미한 등불로 서 있는 사람

어디를 둘러보아도 희망이 보이지 않는 시대에

무력할지라도 끝끝내 여지지 않는 최후의 사람

(중략)

삶은 기적이다

인간은 신비이다

희망은 불멸이다

그대, 희미한 불빛만 살아 있다면

그러니 그대 사라지지 말아라.

– 박노해 '그러니 그대 사라지지 말아라'

'그대, 희미한 불빛만 살아 있다면,

그러니 그대 사라지지 말아라.'

그날따라 왜 그리도 절절하던지요.

"그래, 얘들아, 그 희미한 불빛 내가 보여줄게. 그러니 너희들 사라지지 말아라. 제발 버텨다오. 희미한 불빛이나마 켜 놓을 테니 길을 잃었다면 그 빛을 보고 삶에 대한 소망을 포기하지 말아다오."

그 뒤로 저는 틈틈이 시간과 기회가 되면 아이들 상담을 하고, 얼마 동안은 교육 컨설팅 회사에 들어가 컨설턴트로도 일하면서 학생들과 연결되어 있으려고 노력을 했습니다. 그러다가 2013년에 '210의 드림버프'라는 칼럼을 통해 지인을 중심으로 생각을 나누기 시작했고 그 칼럼이 바탕이 되어 이 책이 나오게 되었습니다.

상담은 제게 있어서 전문 지식을 사용한 분석이나 이론 적용의 차원이 아닙니다. 내게 인연이 되어 맡겨진 소중한 학생들의 마음속 깊이 잠자고 있는 '자아'를 깨워서 스스로 성장하게 하는 매직입니다. 경청하고, 공감하고, 품고, 기대하고, 방향을 제시하고, 칭찬하고, 격려하면서 더불어 사는 것의 아름다움에 대하여 소개하고 같이 가기를 청하는 삶의 방식입니다.

1부
좋은 부모는 어떻게 '되는가'?

2부
좋은 부모는 어떻게 '하는가'?

1부

~~~~~

좋은 부모는
어떻게 '되는가'?

우선 시작하고, 포기하지 말기

어느 날 우리 집 귀염둥이 막내딸이 제 옆에 오더니 한참을 울었습니다. 닭똥 같은 눈물을 한 바가지 쏟으며 서럽게 울길래 왜 우냐고 물어봐도 고개만 젓던 딸이 말했습니다.

"엄마, 하트를 그리고 싶은데 잘 안 돼요. 엉엉." 너무 서럽게 웁니다.

"그러니까 엄마가 하트 백 개만 그려주세요."

"아냐, 우리 딸. 하트를 잘 그리려면 엄마가 아니라 네가 많이 그려봐야 해. 그래야지 예쁜 하트를 직접 그릴 수 있게 되지."

"근데 잘 안 되잖아요! 헝엉엉엉엉. 난 하트 싫어!"

거실로 달려나가서 또 큰 소리로 대성통곡하다가 문득 조용해져서 가보니 거실 구석 소파에서 코까지 골며 곤하게 잠들어 있었습니다. 아직도 눈물이 맺혀있는 아이의 얼굴을 물끄러미 보고 있노라니 이런 생각이 떠올랐습니다.

무엇인가 원하는 것을 잘하려면 그만큼의 공이 들어가야 합니다. 시간과 돈, 몸과 마음을 다 써야 하지요. 한두 번 시도해보고 엄마처럼 예쁘게 안 그려진다고 하트 싫어! 하고 달려간 딸내미를 보며 혹 나도 그렇지 않은지 반성했습니다.

글 쓰는 일은 생각보다 만만치 않은 작업이었습니다. 특히 정기적인 글 쓰기는 더 어렵고, 글 쓴 것을 다른 사람에게 보여주는 것도 마음이 썩 편치 않았습니다. 물론 좋은 의도지만, 발가벗겨진 것 같은 간지러움이 느껴져서 그렇습니다. 책을 쓰겠다고 말한 것이 후회되는 순간도 있었습니다. 책임지지 못할 일을 괜히 벌인 것인가 하는 생각 때문이었습니다. 글을 쓸 이야깃거리가 자꾸 없어집니다. 일단 글을 쓰려고 자리에 앉으면 그 많던 소재가 왜 하나도 기억이 안 나는 걸까요? 참 난감합니다.

글이 처음부터 조정래나 박경리 작가처럼 써지기를 바라도 안 되겠지만 먼저 겁먹고 질려서 글쓰기를 싫어하고 포기하지는 말아야겠다고 생각했습니다. 다시 한번 시도하고 더 많이 써봐야지 하고 다짐했습니다.

저도 한숨 푹 자고 나서 맑은 얼굴로 제게 안겨 올 딸에게 이렇게 말할 것이기에……

"우리 딸, 다시 한번 하트 그려보자. 이번엔 더 잘 될 거야. 엄마가 응원할게."

태풍과 같은 질풍노도의 시기를 지나는 청소년들을 키우는 부모들, 특히 엄마도 마찬가지입니다. 지레 겁먹지 말고 태풍의 눈을 한 번 찬찬히 들여다봤으면 좋겠습니다. 그리고 다시 한번 좋은 부모 되기를 시도해야겠습니다. 차갑고 단단한 벽과 같은 단절감이 느껴진다 하더라도 다시 한번 가슴에 품고 진심으로 응원해야지요. 마음을 다잡고 끝까지 함께 가볼까요.

1

엄마인 나의
정체성이
먼저다

다이아몬드도 좋고,
석탄도 좋아~!

다이아몬드와 석탄의 원료가 같은 것임을 아시죠? 바로 탄소입니다. 우리
가 살면서 겪는 상처들이 바로 탄소와 같다는 생각을 해보았습니다.

저는 어릴 때 한국에서 외국으로 이민을 떠났습니다. 가서 가장 처음
부딪힌 문제는 언어였습니다.

학교에 처음 갔을 때 일입니다. 생전 처음 보는 커다란 건물에 큰 문을
열고 들어가니 대리석 복도가 있었습니다. 발소리가 울리는 높은 천장을
올려다보며 한참을 따라 걸어간 끝에 와글와글 시끄러운 교실로 안내되
었습니다. 저를 그곳에 데려다 놓고, 입학 절차 통역을 위해 같이 왔던 언
니는 잘 해보라며 손 흔들며 가버렸습니다. 따라가고 싶은 제 마음은 아랑
곳하지 않은 채. 그리고 저는 갑자기 소음 속에 갇히게 되었습니다. 또래
아이들이 나를 가운데 두고 빙 둘러서서 뭐라고 말을 하는 것 같은데 전혀
알아들을 수가 없으니 정말 죽을 맛이었습니다. 이어서 가까이 오신 선생
님도 마찬가지. 다만 눈빛에서 도와주고 싶어 하는 따뜻함을 느꼈기에 좀
진정이 되었습니다. 그날, 집에 돌아와서 나는 엄마에게 학교에 가지 않겠

다고 그냥 집에 있게 해달라고 졸랐습니다. 그때였습니다. 엄마가 밤새 재봉틀을 돌리고 피곤한 얼굴로 "학교에 관한 것은 엄마가 해 줄 수 있는 게 없다. 네가 알아서 해야 한다. 동생들도 네가 다 챙겨야 해."라고 말씀하신 것이. 어린 마음에 '너를 도울 수 없으니 네가 알아서 해.'라는 말은 청천벽력이었습니다. 외로움이나 서러움 같은 감정이 분수처럼 솟아서 온종일 울었던 기억이 깊은 상처가 되어 오랫동안 제 마음에 있었습니다.

그렇게 힘들게 시작한 학교생활은 내게 여러 가지 다짐을 하게 해 주었습니다.

첫 번째, 절대 울지 말 것. 울어서 해결되는 일은 없다. 마음만 더 아프고 다른 사람, 특히 동생들에게 불안과 슬픔만 더할 뿐이므로.

두 번째, 절대 포기하지 말 것. 나는 무엇이든 해내야 한다. 그래야 내 뒷모습을 보고 따라올 동생들에게 좌절보다는 희망을 줄 수 있으므로.

세 번째, 절대 변명하지 말 것. 그보다는 무엇 때문에 그런 결과가 나왔는지 생각해보고 그다음 일을 더 잘해야 한다. 일의 결과는 그동안 과정에 대한 나의 책임이므로.

이 세 가지 다짐을 하면서 까불까불 명랑하던 저는 매우 차분하고 내성적이며 신중한 아이로 바뀌었습니다. 성장하는 동안 집안일, 학교 일, 교회 일 등 여러 가지 일을 시작하고 마무리하면서 그 다짐을 항상 기억했습니다. 그러자면 어떤 일이든 성실해야만 했습니다. 시간이 부족하므로 집중해야만 했습니다. 책임져야 하므로 함부로 약속하면 안 되었습니다. 저는 한마디로 애어른이 되었습니다.

그 시절 너무 아프고 힘들게 느껴졌던 일들을 통해 소중한 것을 많이 얻게되었습니다. 성실함과 집중력, 책임감과 신중함, 끈기와 회복력 등 인생을 살아가면서 꼭 필요한 품성들을 키워주었습니다. 아버지가 항상 하시던 말씀, "세상 어디에 내놔도 살아남을 수 있는 사람으로 커다오." 저희 삼 남매는 그런 사람들로 컸습니다. 각자 가정을 가지고 자기 앞가림을 하며 남을 도울 수 있는 사람들로 말이지요.

저는 찬란히 빛나는 다이아몬드도 좋고 꼭 필요한 자원인 석탄도 좋습니다. 제가 어떤 삶을 살았는가는 후대가 평가해 줄 것입니다. 다만 나를 다이아몬드이게 하고, 석탄이 되게 하는 원료가 마음의 상처였다는 사실입니다. 어린 시절에 겪었던 막연한 것, 모르는 것에 대한 두려움과 상처는 제 마음에 화인처럼 새겨져 있습니다. 그리고 성장하면서 느꼈던 정체성과 꿈, 진로에 대한 혼란과 방황 역시 그렇습니다. 그 당시 나만 겪고 있고, 나만 어렵고, 나만 답이 없는 것 같았던 문제들을 현대를 살아가는 청소년들이 너무도 아프게 겪고 있음을 봅니다. 문제는 그 문제들을 고민하고 행동하고 결정하며 해결할 수 있는 시간과 공간, 그리고 기회가 없습니다. 다시 말하면, 탄소가 다이아몬드나 석탄이 되도록 하는 과정이 없다는 것입니다.

실패하고 상처받는 것에 대해 두려워하지 않기
다만 어떤 물질로 변화하고 싶은지에 대해 고민하기
생을 마감할 때까지는 늦지 않았음을 잊지 않기

이 글을 쓰고 있는 저를 포함한 세상 모든 엄마를 응원합니다!

나를 돌아보는 것

어떤 교육기관에서도 책임질 수 없는 지능이지만, 인생이라는 긴 레이스에서 성공하기 위해서는 반드시 필요한 지능이 있습니다. 바로 '자기성찰 지능'입니다.

자기성찰도 지능이냐고요?

물론입니다. 이전에는 타고난 인격이나 고귀한 인품 등으로 표현하고, 애초에 갖추고 태어나는 것으로 인식했으나 미국의 발달심리학자 하워드 가드너가 이것을 '지능'으로 언급하면서 계발 가능한 사람의 능력 중 하나로 보기 시작했습니다. 그렇다면 아이의 성공 인생을 위해 갖추어야 할 지능에 왜 자기성찰 지능이 손꼽히는 것일까요? 그것은 우리가 흔히 말하는 위인들이나 성공한 사람들이 공통으로 가진 강점지능이기 때문입니다. 특히 자신의 감정과 능력을 잘 파악하고 활용하여 성공한 사람들에게서 높게 나타났습니다. 자기성찰 지능은 그 자신이 가진 다른 재능들을 더욱 잘 발휘할 수 있도록 활성화하는 능력입니다. 이 지능이 높은 사람들은 자신을 돌아보고, 자신에 대해 알며, 자신의 강점과 약점에 스스로 정직합니다. 그래서 자신에 대해 정확하고 종합적으로 이해할 수 있으며, 또한 지난 행동들을 돌아보거나 반성하고 더 나은 사람이 되기 위해 노력합니다. 자신을 돌아보고 제대로 평가할 줄 아는 자기성찰 지능이 높은 사람은 미래를 위해 계획하고 준비할 수 있습니다. 스스로 자기 자신을 자꾸 돌아보는 일, 성장하고 변화하는 사람에게 이보다 더 중요한 일이 있을까요?

학생들을 상담할 때 보면, 자신의 꿈과 재능, 흥미와 가치, 역할 등 자신의 인생에 관련된 질문을 난생처음으로 받고 나서 하는 반응은 크게 두 가지입니다. 이내 싫증을 내고 질문에 답하는 것 자체를 포기하던가, 아니면 머리를 쥐어 싸매고 고민하여 어설프게나마 뭔가를 찾아보던가. 그만큼 자신의 인생에 대해서 생각해 본 경험이 없거나 적었다는 이야기입니다. 전자의 경우는 상담에서 좋은 결과를 기대하기가 어렵습니다. 하지만 뭔가 찾아보려고 자신의 내면을 어설프게나마 훑었던 아이들은 분명 자기 안에 변화를 끌어냈습니다.

유대인의 가장 기본적인 교육은 '하브루타'입니다. 하브루타는 자기 생각을 표현하고 토론하며 하나의 정답이 아니라 더 좋은 해답들을 도출해 내도록 돕는 교육기법입니다. 이 교육의 시작점은 바로 "나는 어떻게 생각하는가?"입니다. 스스로 질문하고 자기 안에서 답을 찾아내는 습관이야말로 유대인을 강하게 만든 비결이었습니다.

여러분 자녀의 자기성찰 지능을 계발하여 주고 싶은가요? 먼저 자신에게 질문을 던져보고 마음을 찬찬히 들여다보며 답을 해보길 바랍니다. 은연중에 그런 모습을 아이가 보고 배웁니다. 아이에게 자꾸 질문하세요.

가족이 함께 하는 일에도 의견을 물어보고, 집안의 어려운 결정에 대해서도 참여시켜보세요. 아이가 무엇을 원할 때, 왜 그것이 필요한지 진지하게 시간을 내어 들어보세요. 누군가 자기 이야기를 진심으로 듣는 사람이 있으면 아이는 생각하기 시작합니다. 자신과 자신의 주변에 대해서 돌아보게 되고 그와 함께 생각의 깊이도 더해집니다. 물론 자라면서 가치관이나 의견(진로나 비전)이 계속 바뀌겠지만, 괜찮습니다. 꿈이란 성장하고 그릇이 변하면서 바뀌는 것이 당연하니까요. 그 변화의 순간, 길목에 있는 도전과 성취(혹은 실패를 통한 교훈) 자체가 훨씬 값지고 소중한 자산입니다.

여러분의 아이를 사랑하십니까?

명상(Quiet Time)을 가르쳐주기 바랍니다. 조용한 시간에 신(神)과 자신에 대하여 묵상하는 습관을 지니게 하면 좋습니다. 그보다 먼저 여러분 자신이 그러한 시간을 가져보는 것은 어떨까요?

엄마, 엄마는
아프면 안 돼

아이를 낳고 엄마라는 호칭을 갖게 되면서 여자들은 우스개처럼 이런 말을 합니다.

"엄마는 아프면 안 돼." 이 말을 듣는 즉시 모두 고개를 끄덕끄덕. 약속이나 한 듯이 반응합니다. "맞아요. 엄마는 아파도 안 돼요." 왜일까요? 할일이 있기 때문입니다. 지켜야 하고 돌봐야 할, 절대 약자인 아이들이 있기 때문이죠. 자기 몸이 아파도 잊어버리거나 포기할 수 없는 중요한 일. 내게 허락된 소중한 생명, 아이들을 품는 일입니다.

모든 여자가 처음부터 엄마 노릇을 잘 해내는 것은 아닙니다. 결혼하고 아내의 역할도 충분히 익숙하지 않은 시점에서 몸 안에 다른 생명을 품고 부모가 되는 상황을 맞게 되면, 좋은 부모 바람직한 부모가 되겠다는 다짐을 굳게 하지만 실전은 그리 녹록지 않습니다.

아기를 키우다 보면 밤을 새우는 것은 일상이고, 자신을 위해 밥 차려 먹을 짬도 잘 나지 않습니다. 계속 젖을 토하는 아기를 안고 있으니 옷은 늘어난 라운드 티에 오천 원짜리 운동복 바지가 전부입니다. 여성용 로

션이라도 좀 바를라치면 아이가 익숙하지 않은 냄새에 낯설어할까봐 그냥 아기 로션으로 때우고, 예전에 즐기던 맵고 짠 음식은 언감생심 생각도 못 합니다. 모유로 아기랑 직통 연결되니 엄마가 먹은 음식의 영향으로 아기가 설사할 수도 있고 또 엉덩이가 빨갛게 부어오르기도 하거든요. 책은 어떨까요? 아기가 잠깐 잘 때 궁금한 점을 찾느라 육아서적이나 좀 볼 수 있으려나, 다른 책은 엄두도 못 냅니다. 일단 아기한테서 눈을 뗄 수가 없으니까요. 온종일 집 안에서 아기하고 둘이 지지고 볶고, 옹알이 따라 하고 자장가 부르고, 혼잣말 하다 보면 과연 나는 누구이며 여기는 어디인가 하는 의문이 깊은 곳에서부터 올라옵니다.

　이러한 시기를 지나면서 여자는 엄마가 되어갑니다. 절대적으로 나를 의지하는 한 생명을 키우면서 비로소 어른이 되어갑니다. 누군가 '부모가 아이를 어른으로 키우는 것이 아니라 아이를 키우면서 부모가 어른이 되어간다'는 말을 했다지요. 정말 맞는 말입니다. '엄마', 이 안에 사랑 전부가 들어있습니다.(엄마는 하나님다움의 표상이고, 그 실체죠. 그것은 여성성에서 그것을 초월 확장 심화시킵니다.)

　사랑하는 엄마께 딸, 아들의 마음을 전해보세요.

　사랑하는 엄마로 아이들에게 마음을 전해보세요.

　엄마처럼, 엄마답게, 엄마로서 부끄럽지 않은 하루를 살기를 다시 한번 간절히 바래봅니다.

　삶은 그렇게 길지 않고, 사랑하면서 살기만도 바쁩니다.

누군가의 이정표가 될
내 발자국

제 Year Plan(이어 플랜, 연간계획)을 여러분께 소개합니다.

저는 올해 등불 같은 사람이 되고 싶습니다. 가까이 밝고 따뜻한 빛에 사람들이 행복해하는 그런 사람이 되고 싶습니다. 신명이 나는, 에너지가 넘치는 사람이고 싶습니다. 조금은 부족하고 허당끼 있지만, 유머러스하고 유쾌한 사람이 되고 싶습니다.

질풍노도의 시기를 지나는 아이를 품은 엄마들의 짐을 좀 나누어지고 함께 고민하는 동료이고 싶습니다.

운동도 열심히 하여 건강한 몸짱(지극히 개인적인 기준)이 되고 싶습니다.

가족 모두가 자전거를 장만하여 가까운 곳으로 자전거 여행을 가보고 싶습니다. 자전거 옆으로 스치는 바람을 맞고 그 향기를 맡으며 땀을 씻고 서로를 돌보는 따뜻한 여행을 해보고 싶습니다. 해외 원정도 가보고 싶습니다. 광대한 땅을 보고 시야를 넓히는 아이들의 눈을 보고 싶습니다.

글쓰기와 함께 상담심리 관련 공부를 더 깊게 해보고 싶습니다. 구체적인 상담사례들도 많이 만나고, 관계한 아이들의 진정한 변화와 그에 대한 놀라움으로 감동하고 싶습니다.

저의 아들과 딸에게 더 좋은 엄마가 되고 싶습니다. 아이들에게 자라면서 옳고 그른 것이 무엇인지 아는 분별력, 남의 마음을 헤아리고 배려할 줄 아는 공감 능력을 갖게 해 주고 싶습니다. 스스로 행동할 수 있는 책임감, 함께 사는 삶, 나눔에 관한 헌신에 대해 진지하게 이야기해주고 같이 생각하는 시간을 갖고 싶습니다.

주위 사람들과 사랑의 교제를 나누고 싶습니다. 무엇보다 마음을 적극적으로 표현하는 방법을 찾아보려 합니다. 쪽지도 좋고, 눈짓 몸짓도 좋고, 느낌도 좋고, 물건도 좋습니다. 자연스럽게 나눌 방법을 찾아보려 합니다.

이 모든 것을 하려면 지금보다 좀 더 부지런해져야겠지요? Year Plan을 가족들과 함께 작성하여 벽에 붙여놓고 수시로 보고 싶습니다. 직접 쓴 소원과 계획에 주의를 집중하여 새로운 인연을 기대하고 만들어나가고 싶습니다.

백범 김구 선생님이 즐겨 암송하시던 구절입니다.

踏雪野中去(답설야중거) 눈 내린 들판을 밟아갈 때에는

不須胡亂行(불수호난행) 모름지기 그 발걸음을 어지러이 하지 말라

今日我行跡(금일아행적) 오늘 걷는 나의 발자국은

遂作後人程(수작후인정) 반드시 뒷사람의 이정표가 될 것이리라

지금 내 꿈은 무엇인가, 어떻게 이루어갈 것인가에 대해 고민하는 시간을 아이들과 함께 가져보세요. 아이들이 자신의 꿈을 그리고 키우는 과정에서 부모를 이정표 삼아 바른길로 가게 될 것입니다. 우리도 자신의 꿈을 향한 삶의 발걸음을 보듬고 정리하여 새로이 준비해야겠습니다.

나는 오물통인가 아니면
보물그릇인가

귀한 어르신 한 분을 모 일간지 기사로 만났습니다.

채현국 선생. 1935년에 대구에서 태어나 서울대 철학과를 졸업하고 강원도 삼척에서 탄광사업으로 한때 '개인소득세 납부액이 전국에서 열 손가락 안에 들 정도로' 거부였던 분. 유신 시절 쫓기고 핍박받는 민주화 인사들의 마지막 보류였고, 《창작과 비평》의 운영비가 바닥날 때마다 뒤를 봐준 후원자였고 김지하, 황석영 등 유신 시절 수배자들에게 은신처를 제공하고 여러 민주화 운동 단체에 자금을 댄 익명의 운동가였으며, 지금은 경남 양산에서 개운중학교, 효암고등학교를 운영하는 학원이사장이신 분. 그분은 인터뷰를 시작할 때 이런 조건을 다셨다고 합니다.

"자선사업가, 독지가라는 표현을 쓰지 않을 것." "미화하지 말 것." "누구를 도왔다는 이야기는 하지 말 것." 그 이유를 묻자 이렇게 말씀하셨다지요.

"난 도운 적이 없다. 도움이란, 남의 일을 할 때 쓰는 말이지. 난 내 몫의, 내 일을 한 거다. 누가 내 도움을 받았다고 말하는지는 몰라도 나까지 그렇게 생각하면 안 될 일이다."

"지식을 가지면 잘못된 옳은 소리를 하기 쉽다. 사람들은 '잘못 알고 있는 것'만 고정관념이라고 생각하는데 '확실하게 아는 것'도 고정관념이다. 세상에 '정답'이란 건 없다. 한 가지 문제에는 무수한 해답이 있을 뿐, 평생 그 해답을 찾기도 힘든데 나만 옳고 다 틀린 '정답'은 아니다. 모든 '옳다'는 소리에는 반드시 잘못이 있다." "쓴맛이 사는 맛이다. 그래도 단맛이 달더라. 사람들과 좋은 마음으로 같이 바라고 그런 마음이 서로 통할 때, 그때 참 단맛을 느낄 수 있다."

사람.

사람은 자기를 인정해 줄 때 목숨을 걸지요. 한 철학자는 우리 인간 육체의 가치를 이렇게 말합니다.

"인간은 아무것도 아니다. 비누 일곱 장을 만들 수 있는 정도의 지방과 중간 크기 못 하나를 만들 수 있는 철, 찻잔 일곱 잔을 채울만한 당분과 닭장 하나를 칠할 수 있는 석회와, 성냥 2200개를 만들 만한 인과 약간의 소금을 만들 수 있는 마그네슘, 장난감 크레인 하나를 폭파할 수 있는 칼륨, 그리고 개 한 마리에 숨어있는 벼룩을 몽땅 잡을 수 있는 유황, 이것이 전부다."

그렇다면 우리 육체의 가치는 거의 같다고 할 수 있는데 무엇으로 사람의 가치를 평가할 수 있을까요? 바로 정신적 가치입니다. 그 사람이 어떤 가치 기준을 갖느냐?에 따라 그 사람의 진정한 가치가 결정됩니다. 그릇으로 표현한다면 금으로 만든 그릇이라도 오물을 넣으면 오물통이 되고, 다 찌그러진 양재기라도 황금을 담으면 보물 그릇이 되지요.

생의 목적을 고민하는 아이들이 큰 사람으로 자랍니다. 생의 목적이 무엇인지 답을 찾으려면 진정 자신이 귀하게 여기는 것이 무엇인지, 가치에 대해서도 깊은 성찰이 필요합니다. 올바른 가치관을 형성할 수 있을 때 비로소 한 사람의 몫을 하며 살아갈 수 있게 되는 것이지요. 제가 채현국 선생님의 글을 인용한 이유는 바로 그분이 팔십 평생을 지나며 지켜온 가치관이 너무도 짙은 향기로 다가왔기 때문입니다.

자녀에게 존경받는 부모가 되고 싶으신가요? 우리 모두의 꿈이지요.
그 꿈을 이루기 위해서는 먼저 '나는 과연 어떤 가치 기준을 가진 사람인가?'를 고민하는 시간을 가져야겠습니다. '과연 나는 오물통인가, 아니면 보물 그릇인가?'를.

왜, 무엇을, 누구에게

캘리그라피를 아시나요? '손으로 그린 그림문자'라는 뜻으로 아름답고 개성 있는 자신만의 글씨체를 만들고 쓰는 것입니다. 요즘 제 주위에도 공부하는 분들이 계셔서 캘리그라피에 대해 이야기를 나누었습니다. 그런데 캘리그라피에 처음 입문하는 수업에서 어김없이 나오는 질문이 세 가지가 있답니다.

왜,

무엇을,

누구에게.

왜 캘리그라피를 배우려 하는가, 무엇을 하려고 배우는가, 누구를 위해서 누구에게 주려고 배우는가를 스스로 질문하게 한다고 합니다. 그 과정을 통해서 그저 글씨를 예쁘게 써 보기 위해라든가 예전부터 배워보고 싶어서 등등의 단순한 이유에서 더 나아가 글자로 사람의 마음에 공감하고 상대방의 마음을 위로하는 캘리그라퍼가 돼야겠다는 목적을 세울 수 있게 되었다고 했습니다. '현재의 나'보다 더 나은 사람이 되고 싶다는 희망을 품고 매시간 수업을 시작한다고 합니다.

세 가지 질문은 저에게도 큰 감동이 되었습니다. 어떤 행동을 하기 전에 항상 목적을 세우고 다짐을 반복하여서 자신의 것으로 만드는 일이 얼마나 중요한지 다시 깨닫게 해 주었습니다.

나는 왜 글을 쓰고 상담을 하는가? 나는 왜 이 일을 하는가? 나는 왜 이런 행동을 하는가?

나는 무엇을 하려고 글을 쓰는가? 나는 무엇을 위해서 아이에게 이런 말을 하는가?

나는 누구를 위해서 글을 쓰는가? 나는 누구를 위해서 이런 행동을 하는가?

자신에게 할 질문들이 쏟아지네요.

여러분도 한 번 해보세요. 무심코 반복하던 몇 가지 행동을 선택하여 내가 왜, 무엇을 위해, 누구에게 어떤 행동을 하는가?에 대해 스스로 질문하는 것입니다. 만약 자신과의 대화에 익숙한 분이라면 금방 답을 찾을 것이고, 서투르다면 시간이 좀 걸리겠지요. 그러나 같은 행동을 하더라도 어떤 마음으로 하느냐에 따라 결과가 달라집니다.

천천히 답을 해보고, 짧고 명료하고 그림같이 정리하여 스스로 캘리그라피 작품을 만들거나 부탁해보는 것은 어떨까요.

엄마에게도 욕구가 있단다

학부모 그룹 상담을 진행하던 중간쯤이었습니다. 어머니 한 분이 어두운 표정으로 자신은 너무 혼란스러워져서 더 이상 아이 관련 상담을 받을 수 없을 것 같다고 했습니다. 아이가 자존감, 꿈, 재능, 흥미 등을 찾아서 행복하게 살았으면 해서 상담을 신청했는데 진지하게 들어가니 자신의 문제가 더 크게 느껴졌다는 것입니다. 진행될수록 자기 삶의 무게만 더 크게 느껴지고 지금까지 당연하게 생각했던 엄마로서의 희생이 점점 힘들어지는 것 같아서 포기하고 싶다고 했습니다. 같이 하던 엄마들도 갑자기 숙연해지며 고개를 숙이시는 분도 있었습니다.

자, 때가 되었군요.

계속 제삼자의 입장에서 아이들의 이야기만 하던 엄마들이 자신을 직면할 기회를 얻게 되었습니다.

우리는 첫 아이가 태어남과 동시에 부모로 새롭게 태어납니다. 부모 역할의 배움 곡선은 경사가 가파르고, 아이가 커갈수록 심해지며 좌절스러울 정도로 어려워집니다. 아이의 미래를 위해 중요한 의미가 함축된 365

일 24시간을 지속해서 해야 하는 돌봄을 몇 년간 계속하면서 특히 엄마들은 자녀의 필요에만 몰두하다가 자신을 돌보는 일을 잊게 되는 경우가 많습니다. 심지어 좋은 부모가 된다는 것은 자기 욕구를 완전히 희생해야 한다는 뜻이라고 믿는 분들도 있습니다. 그러나 자기 욕구를 희생하며 아이에게 주기만 하면 아이와 부모 둘 다 비싼 대가를 치르게 됩니다.

자기 욕구를 오랫동안 충족하지 못한 상태로 자녀와의 관계를 계속 밀고 가면 자녀와 함께 양쪽 다 지치는 결과를 초래합니다. 끊임없이 아이와 자신을 의심하고 불안해하며, 잔소리하고 윽박지르며, 고함치고 강요하며, 기분에 따라 과한 상이나 벌을 주는 반복되는 악순환에서 혼자서는 어찌할 수 없다는 무력감에 빠져 가망 없다고 판단하게 됩니다. 또한 아이를 미워하게 되는 불행한 결과가 발생하기도 합니다.

자녀들의 입장은 또 어떨까요. 자기를 돌보느라고 부모가 어떤 희생을 치르는지 알지 못하면 자신이 누리는 부모의 희생을 당연하게 여기게 되거나 부모는 욕구가 없는 사람들인 양 오해할 수 있습니다. 더욱이 가장 중요한 것은 자녀가 부모의 욕구를 충족하는데 기여할 기회를 잃게 되므로 부모와 자녀 서로에게 줄 수 있는 기쁨이 감소하여 빛을 잃고 맙니다.

아이를 위해서라도 부모의 욕구 인식은 매우 중요합니다. 대부분의 부모는 욕구에 눈을 감은 지 너무 오래되어, 감각을 잃어버렸다고 말합니다. 과거에 부모님이나 선생님, 또는 고용주가 결정해 놓은 외적 기준과 기대에 맞춰 살기 위해 자기 욕구를 포기하도록 교육받으며 자라고 살아왔기 때문입니다. 하지만 자기 느낌과 욕구를 알아차리고 충족하는 법을

배우게 되면 자신의 삶에 만족감을 느끼고, 훨씬 더 쉽게 아이들과 소통
할 수 있습니다.

　부모들은 육아와 교육 현장에서 위기가 발생하기 전에, 자기를 돌보지
않고 있고 에너지가 고갈되어 탈진해가고 있다는 경고의 신호를 알아차
리는 것을 배워야 합니다. 자기를 부정하고 희생하기보다는 자기를 수용
하고 존중하는 습관을 자녀보다 먼저 배워야 합니다.

나의 140자 인생이야기

140자 이하로 인생을 이야기하는 문장놀이를 해보려 합니다. 그동안 마음에 담아 포스트잇이나 다이어리에 써 놓았던 몇 가지 구절들을 찾아 정리합니다. 신기한 것이 있습니다. 수많은 문구 중에서 제가 선택한 10개 안에 현재 제 마음 상태가 그대로 투영된 것 같습니다. 하는 것 없이 분주하고 하루에도 몇 번씩 왔다 갔다 하는 제 마음. 출간 기획서도 써보고 지금까지 쓴 칼럼들을 모아 제본을 해보기도 했지만 제 안에서 계속 꿈틀대는 생각들과의 씨름.

'세상에 책은 너무 많아' (너까지 굳이 내야 할 필요가 있겠어?)

'이런 책은 이미 있을 거야.' (그 밥에 그 나물이 아닌가?)

'봐, 그 새 비슷한 책이 나왔네.'(너보다 훨씬 스펙도 좋고 문장력도 좋은 작가인 것 같지 않아?)

다시 한번 마음을 다잡으며 일어섭니다.

"그래, 세상에 책이 많겠지. 하지만 내가 쓰려는 '바로 그 책'은 아직 나

오지 않았잖아? 비빔밥집은 전국 어디에나 있지만 그렇다고 내가 비빔밥
집을 하나 더 내지 말란 법도 없지 않겠어? 더 맛있게 만들면 되지. 내가
만든 비빔밥이 먹고 싶은 사람도 있을 거야. 그러니까 나는 그 책을 써야
만 해."

이번 판엔 제가 이겼네요. 열심히 글을 쓰고 다듬으면서 승리의 달콤함
을 만끽합니다. 하지만 알고 있습니다. 마침표를 찍기엔 아직도 한참 멀
었다는 것을. 지름길은 없으므로 한발 한발 자신과 씨름해서 이기고 져가
면서 꾹꾹 눌러 가야 한다는 것을.

그래서 짧으나마 제 인생을 붙잡아 준 140자 인생이야기 10개를 여러
분께 소개하려고 합니다.

1. I like myself~! 나는 내가 좋아~!

이 말 한마디로 많은 일을 견뎌낼 수 있었다. 내가 선택한 일들의 대부
분에 긍정적인 색이 입혀질 수 있었던 것은 바로 이 말 때문이었다. 나의
자존감이 영글어갈수록 나의 회복 탄력성도 좋아졌다. '내가 존중하는 본
래의 나'로 돌아가려는 행동은 나를 외부 자극으로부터 보호하는 강력한
보호막이 되었다.

2. 어쩌다 하면 아마추어, 매일 반복하면 프로다. 무엇이든 매일 반복하는 자체가 프로페셔널의 시작이다!

집 안에서 말 못 하는 아기랑만 눈 맞추고 살던 긴 시간 동안 나는 치열
하게 육아 프로의 삶을 살았다. 누가 주부를 그냥 집에 있는 잉여 노동력

으로 생각하는가? 그 생각에 나는 단호하게 반대한다.

3. 할까 말까 망설일 때 하면 되고, 갈까 말까 망설일 때 가면 된다.

이 문장을 읽고 나는 글쓰기 교육모임인 '꿈만필'(꿈꾸는 만년필) 계좌로 글쓰기 프로그램 참가비를 송금을 했다. 내 안에 꿈틀대던 내 일에 대한 갈급한 마음이 위 문장으로 인해 활짝 열렸다.

4. 재능은 내가 하면 '재미있는 능력'입니다.

재능에 대한 막연함을 단번에 날려주는 시원한 설명이다. 다른 사람과 똑같은 조건에서 동시에 시작했는데 훨씬 재미있게 즐기면서 좋은 결과를 내는 분야가 있다면 재능이 있다고 생각해도 좋다.

5. 오랫동안 꿈을 그리는 사람은 마침내 그 꿈을 닮아간다.(앙드레 말로)

결국 우리는 모두 우리가 과거에 꾸었던 꿈의 결과인가? 나이 마흔이 넘으면 자기 얼굴에 책임을 져야 한다는데 더 자주 거울을 보며 단장을 해야겠다. 신체 거울과 마음 거울(자녀).

6. 좋은 글이란 내면의 신념, 내 안의 세상에 들려줘야 할 뭔가가 있다는 확신에서 나온다.

요즘 마음속 깊이 들어오는 문장이다. 분명 확신은 있는데 좋은 글이 나오기까지는 뭔가 더 있어야 할 것 같다. 그게 무엇일까? 고민이다.

7. Knowhow : 어떻게 하는가? Knowhow : 왜 하는가?

대부분의 사람은 성공한 사람에게 노하우를 물어보려고 한다. 그러나 성공한 사람이 진정 들려주고 싶어 하는 말은 노와이에 관한 말이다.

8. 우리 인생에 적어도 세 번의 기회가 있다고 하지. 하지만 그 말은 틀렸단다. 기회는 백 번 올 수도 있고 천 번 올 수도 있어. 정말 중요한 것은 그 기회를 알아보는 것이야. 더욱 중요한 것은 그 기회를 나 자신이 만드는 것이지. (『99℃』, 호아킨 데 포사다, 인사이드북)

9. 나 자신을 정확하게 알고, 그런 자신을 있는 그대로 인정하는 것.

이것이 바로 자존감이다. 하나 더 추가한다면 있는 그대로의 자신을 인정하고 '좋아하는 것'이라고 할 것이다.

10. '말하기'의 반대말은 '듣기'가 아니다. 바로 '기다리기'

상대가 문장을 끝까지 마쳤나? 나의 방해를 받지 않고 자신의 견해를 완전히 꺼내 놓았나? 내가 말하기 전에 상대가 숨 쉴 틈이 있었나?를 항상 생각하라. 상담 들어가기 전에 항상 되뇌는 말이다.

나의 마음을 들여다보고 '내 인생의 140자 이야기'를 정리해보세요. 분명 하고 싶은 말이 아주 많을 것입니다. 내면의 자아는 수다쟁이니까요. 그(녀)를 깨워보세요. 인생이 더 풍성해집니다.

나는 부모일까, 학부모일까?

얼마 전, 교육 다큐 프로그램 몇 편을 찾아볼 기회가 있었습니다. 그중에 SBS 스페셜《부모와 학부모》를 보고 느낀 점을 정리해봅니다.

한국 부모는 자녀 교육에 시간과 돈을 지나치게 쓰고 있습니다. 내 아이가 공부에 소질이 없다는 걸 알아도 대학까지 계속 공부시킬 수밖에 없는 시스템입니다. 그렇지 않으면 사회에서 낙오되고 일정 부분 불이익을 받게 된다고 생각합니다.(상담하다 보면 부모님들은 일정 부분이 아니라 모든 것에서라고 표현하시기도 합니다.)

그러다 보니 안타깝게도 우리 아이들은 중고등학교까지 입시에 학습에너지 대부분을 쓰고, 대학에 가서는 취업을 위한 준비를 합니다. 새로운 발상, 창의적인 것이 나오기 어려운 교육, 사회구조입니다. 대기업이 원하는 직원은 될지언정, 빌 게이츠나 스티브 잡스 같은 인물이 나오기 어려운 구조입니다. 위에서 시켜서 목표치가 분명한 일을 완수하는 데는 탁월하지만, 전혀 새로운 변화와 과제 앞에 섰을 때 스스로 해결할 능력

을 갖추지 못한 채 사회에 나오게 되는 것이지요. 그렇다면 우리 부모들
은 어떻게 해야 할까요?

1. 부모 욕심을 조금 내려놓아야 합니다.

대부분의 경우, 부모는 자신이 하고 싶었거나 이루고 싶었던 꿈을 자녀
를 통해서 '대신' 이루고 싶어 합니다. 이것은 욕심입니다. 무의식중에 들
어온 이 욕심을 내려놔야 아이에게 '부모의 목표를 이루도록 강요'하지
않게 됩니다. 아이가 싫어하는 '부모가 자주 하는 말' 중에 "다 너 잘되라
고 하는 소리야."라는 말이 있습니다. 왜 싫어할까요? 얼핏 들으면 아이를
위해 주는 것 같으나 이 말씀 뒤에는 부모의 생각과 만족만이 존재한다고
느끼기 때문입니다.

아이들은 잠재력이 무한하지만, 그 그릇에 차이가 있습니다. 즉, 사람마
다 공부 자질의 차이가 있다는 이야기입니다. 잠재력은 아이가 잘하는 무
엇인가가 있다는 의미인데, 그것이 꼭 공부가 아닐 수 있다는 사실을 놓
쳐서는 안됩니다.

2. 삶에 대한 밝은 철학과 진지한 태도가 필요합니다.

인간이 세상에 태어나서 건강하고 행복하게 사는 것에 대한 이야기입
니다. 지금보다 좀 더 나은 행복한 삶을 살아가는 방법이 있다는 것에 대
한 믿음을 놓지 않고 끊임없이 자신을 돌아보며 긍정의 방향으로 목표를
재설정하는 작업이 필요합니다.

우리 삶의 목표는 정말 다양합니다. 다양한 것이 곧 인간다운 것입니

다. 그 삶의 목적과 기준이 인간의 행복이라면 그 사람은 어떤 공부를 하고 어떤 분야의 직업을 가져도 스스로 삶에서 즐거움과 보람을 찾으며 살게 될 것입니다.

3. 부모 자신의 행복의 조건을 찾아내야 합니다.

아이들의 삶에 내 소원을 투영해서 대리만족하는 것이 아니라 내게 만족감을 주는 행복의 조건이 무엇인지 내면을 들여다보고, 찾아내고, 생각하고, 정리하는 작업이 필요합니다. 찾아냈으면 하나씩 몸을 움직여 행동해보는 용기도 있어야겠지요. 아이들은 부모의 그러한 모습을 보며 자기도 모르게 스르르 닮아갑니다.

상담하면서 사회적으로 성공하였지만 삶은 불행한 부모님들을 종종 보게 됩니다. 행복 하고자 열심히 살아왔는데 왜 불행하다고 느끼며 살게 될까요? 왜 내 삶이 보상받지 못하는 형편없는 삶이라 자책하고 그 책임과 미움이 자녀에게 갈까요? 이럴 경우, 저는 상담가로서 부모님 자신의 삶에 대한 철학과 태도를 재정립하는 작업을 조심스럽게 권합니다.

SBS 스페셜의《부모 vs 학부모》를 보면, 부모는 이 사회에서 뒤처지는 그룹에 자신의 자녀들이 속할까 봐 걱정하고, 무리해서라도 사회에서 인정하는 무엇인가를 잡게 하고 싶어 합니다. 단순히 옳고 그름의 문제가 아닙니다. 이 문제는 단순한 교육 시스템만의 문제가 아니어서 더 어렵습니다. 이 사회가 더 건강해지고, 정의로워질수록 좀 더 풀기 쉬워지리라 생각합니다.

2

엄마의 자존감
(Self-Esteem)

행복한 삶의 열쇠,
자존감의 삼각함수

"여러분의 아이는 행복한가요?"

부모를 대상으로 강의하거나 워크숍을 진행할 때 간혹 묻는 말입니다.
이때 "그럼요, 행복합니다."라는 말은 좀처럼 나오지 않습니다. 오히려 깊
은 한숨과 걱정으로 심각해진 표정이 그 질문의 답일 때가 더 많습니다.

요즘도 가끔 소위 명문대 학생들의 자살 소식이 뉴스에 등장하곤 합니
다. 누구나 선망하는 대학에 들어갔고 공부 잘하고 명석하다고 주위 사람
들의 부러움을 한 몸에 받는 그들이었기에 일반적인 기준에서는 행복하
지 않을 이유가 없습니다. 그럼에도 자신에게 주어진 삶에 좀처럼 만족감
을 느끼지 못한 끝에 스스로 목숨을 포기하는 지경까지 갔습니다. 이들의
사례는 제아무리 사회적으로 성공한 삶으로 포장되어 있어도 자기 자신
을 존중하고 사랑하는 마음이 낮으면 결국 행복에 닿을 수 없고 또 계속

살아갈 의미를 찾지 못한다는 사실을 말해줍니다.

미국뿐만 아니라 세계에서 내로라 인정받은 수재들만 모인다는 하버드 대학에서 행복지수가 높은 학생들은 실패를 두려워하지 않고 자신의 감정에 솔직하며, 다른 사람의 감정과 생각을 배려하는 몇 가지 분명한 특징이 발견되었습니다. 그 특징은 바로 높은 자존감을 기반으로 한다는 사실도 밝혀졌습니다.

자존감은 스스로 자기 존재 가치를 인정하고 사랑하는 마음입니다. 자신이 다른 이들의 사랑과 관심을 받을만한 가치 있는 사람이라는 자기 가치(Self-worthiness)와 자신에게 주어진 일을 잘 해낼 수 있다고 믿는 자신감(confidence)이라는 두 가지 요소로 이루어져 있습니다. 그러므로 자존감이 높은 사람은 비록 부정적인 면이 있어도 자신에 대한 사랑과 존중은 흔들리지 않으며, 자신의 강점과 약점 모두를 인식하고 받아들이는 행동을 하게 됩니다.(『우리 아이 자존감의 비밀』 p.40, 조세핀 킴, 비비북스)

성취감, 자신감, 자존감의 삼각함수

그렇다면 아이의 자존감을 높여주려면 어떻게 해야 할까요?

그것을 위해 우리는 '성취감'과 '자신감'이라는 단어도 함께 이해해야 합니다. 이 세 단어는 대개 얼핏 알고는 있지만, 그 차이와 관계를 설명하라고 하면 잘 안 되는 경우가 많습니다.

이 삼각관계를 간단하게 설명하면, 과거 시점 어느 부분에 성공하게 되면, 성취감/자신감/자존감 중 '성취감'을 경험하게 됩니다. 예를 들면 심부름을 잘해서 칭찬 받았거나, 열심히 노력해서 좋은 결과를 얻었다거나, 뭔가 사소하든 크든 일단은 시도해서 성공하면 생기는 감정입니다. 이런 성취감은 미래 시점에 아직 해보지 않은 일에 대한 자신감으로 발전합니다. 자신감 있는 학생은 자신감 없는 학생에 비해서 무엇인가 성공할 확률이 높고 그러면 다시 성취감을 경험하고, 성취감과 자신감이 반복 선순환되면서 현재 상태에 자존감이 높아지는 것입니다.

이 함수관계를 이해한다면 아이에게 제일 먼저 경험해줘야 할 감정은 무엇일까요? 바로 성취감입니다. 성취감을 경험시키기 위해서 가장 쉽게 할 수 있는 것은 무엇일까요? 바로 자기가 잘하고 재능이라고 생각하는 것을 자꾸 시키는 것입니다.

재능이란, 남들과 똑같은 조건에서 남들보다 잘하는 것을 말하는데 그런 것을 할 수 있도록 배려하면 자꾸자꾸 성취감이 생기고 물컵에 물이 넘쳐 주위를 적시는 것처럼 성취감이 넘치면서 자신감이 아이 주변을 적십니다. 즉, 동반 상승효과를 통해서 다른 영역도 잘하게 되는 것입니다.

자존감 높은 아이는 힘들고 어려운 일을 할 때도 높은 집중력을 발휘합니다. 자신이 잘해 낼 것이라는 믿음과 실패해도 크게 문제 될 것이 없다는 여유 때문입니다. 그래서 자존감 높은 아이는 자신의 능력을 시험받을 수 있는 어려운 과제를 더 좋아합니다. 반면에 자존감이 낮은 아이는 자신은 어차피 못 할 거라는 생각과 실패하면 어쩌나 하는 걱정 때문에 제대로 집중하지 못합니다. 이런 경우, 누구나 할 수 있는 평범한 과제나 아무도 할 수 없는 어려운 과제를 좋아합니다. 평범한 것은 능력 없는 사람도 할 수 있으니까 실패할 확률이 낮고, 몹시 어려운 것은 누구나 잘할 수 있는 것이 아니므로 자신이 무능한 사람이라고 생각하지 않아도 되기 때문입니다. 결국 잘해도 보통, 못해도 보통인 결과를 낳아 칭찬과 인정받을 기회를 잃게 됩니다. 즉, 악순환의 부정적인(마이너스) 함수를 만들어내는 것입니다.

부모라면 누구나 자기보다 자녀가 행복한 삶을 살기를 바랍니다. 그리고 그것을 위해 기꺼이 자신을 희생하려고 합니다. 하지만 잊지 말아야 할 것이 있습니다. 아이는 부모의 거울이라는 사실입니다. 자신도 모르게 엄마를 닮는 것이지요. 그러므로 아이가 높은 자존감을 느끼길 바란다면 부모(특히 엄마)가 먼저 자기 자존감을 높여야 합니다. 그러기 위해서는 자기 자신을 아껴야 합니다. '아이가 어떤 어른으로 자랐으면 좋겠다.', '아이가 무엇을 했으면 좋겠다.'는 생각 이전에 자신의 마음과 꿈을 돌보는 것이 필요합니다.

여러분은 행복하십니까?

자신을 소중히 여기고 건강한 마음과 생명력 있는 꿈을 꾸고 계신가요. 바로 그 생각의 지점이 내 아이의 자존감을 키우는 출발점이 될 것입니다.

내면의 자아와 친해지기

개인 상담 중에 물건을 집어 던지는 행동을 하는 학생이 있었습니다. 문제는 그런 행동이 학교 교실에서도 일어나서 어머니가 걱정을 많이 하고 계셨습니다. 그 학생은 마음이 답답하거나 분노가 일어날 때 어떻게 풀지 몰라서 그렇다고 했습니다. 부정적인 감정이 해소되지 않아 부정적인 행동으로 연결되는 것은 자연스러운 현상이지만 자신이 처한 상황에 따라 자신의 행동을 조절하는 능력이 떨어지는 것이지요.

저는 그 학생에게 자신의 이름을 불러보라고 했습니다. 못하겠답니다. 다시 부탁했습니다. 그럼 성은 붙이지 말고 ○○야~하고 불러보라고. 마지못해 개미만 한 목소리로 자기 이름을 부르고는 그 학생의 손이 던질 무엇인가를 찾아 책상을 배회하던 찰나, 저는 그 손을 세게 잡았습니다. 그리고 품에 꼭 안고 그 이름을 아주 작게 귀에 속삭여주었습니다.

"○○야" 최대한 다정하고 따뜻하게. 제 갑작스러운 행동에 깜짝 놀라던 그 학생은 이윽고 눈물을 흘리기 시작했습니다. 어깨까지 들썩이며 서

럽게 우는 아이는 더 이상 제게 상담받는 거친 문제 학생이 아니라 자기
자신을 어떻게 대해야 할지 몰라 두려워하는 측은한 아이였습니다. 그 일
이 있고 나서 저와 함께 시작한 '거울 들여다보기'(학생 스스로 지은 이름) 프
로젝트로 그 학생은 더 이상 물건 던지는 행동을 하지 않게 되었습니다.
대신 자신의 감정에 대해 스스로 관찰하고 묻는 습관을 갖게 되었습니다.

우리는 우리 자신과 친밀하고 편안해져야 한다. 우리가 스스로에게 귀를
기울이고 내면의 생각과 통찰력의 흐름에 귀를 기울인다면 내면의 암시를
들을 수 있다. 자신이 진정으로 어떻게 생각하고 느끼는지 알게 되면, 자기
노출은 위협적인 것이 아니라 자연스러운 것이 된다. 스스로의 내면의 영
역에 대해 편안해지면 예기치 못한 감정이 갑작스레 폭발하는 일을 겪지 않
아도 된다. 훨씬 큰 안정감을 가지고 우리가 가진 감정과 생각을 표현할 수
있는(또는 표현하지 않기로 선택할 수 있는) 시기를 알 수 있다.

『비즈니스맨을 위한 아티스트』 웨이, 줄리아 카메론 외, p.130, 웅진윙스

그 학생이 자신을 더 많이 받아들이고 인정할 수 있게 되면서 실제로
외부 세계와도 교류하고 인정받게 되었습니다. 균형감각과 장래성이 향
상되어 유머와 재미를 즐길 여유가 생겨서 친한 친구도 생겼습니다. 스스
로를 더 인간적으로 대하면서 타인에게도 인간적으로 공감하고 자비롭
게 대할 수 있게 되었습니다. 회의적인 시선으로 자신을 바라보던 부정적
습관에 금이 가고 희미하고 연약하던 꿈들이 분명해지기 시작했습니다.
그 학생은 자신의 껍데기를 깨고 세상으로 부화되어 나와 스스로 행복한

존재가 되는 여정에 올라설 수 있었습니다.

'거울 들여다보기' 프로젝트는 그 학생 자신에게 보내는 격려의 편지로 마무리되었는데요, 그중에 가장 인상적이었던 내용은 하루에 한 가지씩 스스로를 보살피는 서비스를 하자고 결심한 순간 "내가 나를 사랑해주어야 할 의무가 있으며 자신을 사랑해줄 수 있는 사람은 나 자신밖에 없다."는 사실을 깨닫게 되었다는 것이었습니다. 어쩌면 학생이 깨달은 사실은 일반적인 관점에서 보면 그리 새로운 것이 아닐 수도 있습니다. 그러나 자기 내면의 소리를 들을 수 있는 귀를 발견하면서 좀 더 특별하고 (Special), 독특하고(Unique), 귀한(Precious) 존재로서 자신을 인식할 수 있게되었다는 것이 중요합니다.

여러분은 그러한 경험이 있으신지요. 없으시다면 그 학생의 제안대로 하루에 한 가지, 자신을 보살피는 서비스를 시도해보세요. 내면의 자아가 속삭이는 소리를 들으실 수 있을 겁니다. "○○야, 고마워."라고.

내가 먼저 든든한 사람 되기

'든든한 사람'에 대해 이야기해보려고 합니다. 우선 사전의 정의를 찾아보았는데 '든든하다'는 말의 뜻이 정말 다양했습니다.

첫 번째, 어떤 것에 대한 믿음으로 마음이 허전하거나 두렵지 않고 굳세다.

두 번째, 물건이나 몸이 실하고 야무지다.

세 번째, 믿음직할 정도로 알차고 실하다.

네 번째, 뜻이나 생각이 흔들림 없이 강하고 야무지다.

다섯 번째, 먹은 것이나 입은 것이 충분해서 허전한 느낌이 없다.

여섯 번째, 보통의 수준이나 정도보다 세다.(북한에서 자주 쓴다고 합니다.)

아이를 키울 때 부모는 누구나 든든한 아이로 키우고 싶어 합니다. 든든한 아이로 커서 장차 큰일을 하는 사람이 되길 바랍니다. 아이가 그렇게 성장하려면 먼저 있어야 할 것이 있습니다. 바로 든든한 버팀목의 존재입니다.

큰일을 하는 사람 곁에는 한결같이 든든한 사람이 있습니다. 든든한 사람이 주위에 많을수록 더 큰일을 할 수 있습니다. 비가 오나 눈이 오나 바람이 부나 흔들림 없는 산 같은 사람, 전면에 드러내지 않고도 큰일을 해내는 사람 뒤에는 대부분의 경우, 든든한 부모가 존재했습니다. 부모가 먼저 든든한 사람이 되어야 한다는 것이지요.

어렵다고 느끼시나요? 우리는 평소 여러 부류의 사람을 만납니다. 별일도 아닌 것을 매사가 큰일로 생각하며 온갖 걱정을 다 하는 사람이 있고, 평소에 큰 잘못이 없는데도 왠지 모르게 의심이 생기는 사람이 있으며, 일이 없어 놀고 있는데도 늘 마음이 바쁜 사람이 있습니다. 또한 그 사람의 집에 가면 꼼짝없이 독서를 해야 할 것 같은 사람이 있고, 가정에서 웃음소리가 끊이지 않을 것 같은 사람이 있습니다.

과연 나는 어떤 유형의 사람일까요? 지금 생각하고 정리해서 장차 큰일을 할 우리 아이에게 든든한 부모가 되겠다고 다짐해보면 좋겠습니다.

큰일을 담담하게 넘길 수 있는 사람,
생각하면 마음이 따뜻해지는 사람,
만나면 용기를 주는 사람,
시간이 가면 갈수록 믿음직스러운 사람.

 나부터 이런 사람이 되어 가정에서 배우자와 자녀들에게, 일터에서 동료들에게 든든한 사람이 되고, 더 나아가서 이 사회가 필요로 하는 든든한 사람이 되겠다고 말입니다.

내 인생의 주인은 나

얼마 전 지인의 소개로 미국에서 개발하고 30여 년의 역사를 가진 퀀텀 러닝네트워크(Quantum Leaning Network)에서 진행하는 Success Program의 Leadership-Life skill Academy 강의를 들었습니다. 현시대에 필요한 리더는 Facilitator(연결자)이며 성향은 가지고 태어나는 것보다 교육과 훈련을 통해 만들어지는 경우가 더 많다고 했습니다. 성공한 인물들의 삶을 통해 정리한 8가지 키워드가 있는데 그중에 기억에 많이 남는 한 가지 키워드를 여러분에게 소개해드리고 싶습니다.

바로 OWNERSHIP(주인의식)입니다.

처음 시작하면서 던지는 질문 'Where are you living?'에 대답하기에 앞서 아무것도 쓰지 않은 빈 공간에 지평선 같은 줄 하나 덩그러니 있는 종이를 보게 됩니다. 그리고 그 라인 아래 있는 사람들의 특징에 대해 설명을 듣습니다. 강사는 이해를 돕기 위해 구체적인 상황 예를 들어 주었습니다.

상황설정: 직장인들과 함께 팀으로 하는 일이 있다. 내가 모든 자료를 다 가지고 있다. 지난번에 모임 시간을 30분 앞으로 변경했는데 깜빡 잊고 늦게 도착한 상황.

제일 먼저 나온 것은 '남 탓'이었습니다. 당장 생각나는 것을 말해보라고 하니 '차가 막혔다. 전화 좀 해주지.' 등의 의견이 나왔습니다. 남 탓의 속뜻은 '내 인생의 주인은 내가 아니야.'라는 군요. 전화해서 확인해주지 않았다고 탓을 한 그 사람에게 달려있다고 말하고 있었습니다.

그다음에 나온 것은 '합리화'. '모두 늦은 적 있잖아. 왜 나만 갖고 난리야?' 많은 사람이 그러니 나 하나쯤은 괜찮다는 생각이 깔려있고 '나는 지극히 평범한 범인입니다.'라는 고백에 다름 아니라고 했습니다.

세 번째는 '거짓말'. '사고가 났었어. 언제 일찍 만나자고 약속을 정했어?' 등이 나왔는데 이 반응의 기저에는 '나는 거짓말하는 습관이 있다.'라는 것입니다. 속이 뜨끔했습니다. 그러고 보니 제게 거짓말하는 습관이 있는 것 같네요.

라인 아래 사는 사람들의 마지막 특징은 바로 '포기'였습니다. '됐어. 내가 빠지면 되잖아. 너희들끼리 잘 해봐.' 요즘 젊은 신입사원들에게서 많이 나타나는 성향이라서 기업들이 골머리를 앓고 있다고 합니다. 자신의 구미에 맞지 않으면 그냥 놔버리는 태도를 말합니다. 그 속마음은 '나는 살릴만한 능력이 없습니다. 책임질 능력이 없습니다.'라는 뜻입니다.

그렇다면 Above the Line 위에서 살고 있는 사람들은 어떤 사람들일까요?

첫 번째, '책임' 지는 사람이었습니다. 위의 상황에서 책임지는 행동으로는 무엇이 있을까요? 자신의 잘못에 대한 깨끗한 인정과 진지한 사과가 있어야 할 것입니다. 그리고 후에 받을 수 있는 불이익이나 벌점을 달게 감수하는 것이지요.

두 번째, '책임'을 지게 되면 '선택권'이 책임 진 사람에게로 넘어옵니다. 그 모임을 계속하든, 그만두든 그 선택은 그에게 달려있게 되겠지요.

세 번째, 무엇을 선택하든 그의 '자유'이므로 그는 행동의 주인이 됩니다.

여러분은 자기 인생의 주인을 누구로 삼고 있나요? 혹시 남 탓하느라 남편, 아이, 상사가 내 인생의 주인이 되어있지는 않습니까? 합리화로 내 자존감이 깎이는 소리를 듣지 못하고 계시지는 않는지요. 거짓말하는 습관을 가지고, 내 구미에 맞지 않는 어떤 한 가지 때문에 오래 공들인 전체를 놔버리는 잘못을 범하고 있지는 않은지요. 모두 두 손을 들어 아랫배 단전에 두 번 대고 소리 내어 외쳐봅시다.

"OWNERSHIP~! 내 인생의 주인은 나다."

나를 점검하는
여행을 떠나요~!

부모님은 학생 때 제가 어디를 가고 싶다고 하면 반대하지 않으셨습니다. 여행지 숙소와 식사, 가볼 곳, 비용 등을 잘 정리한 여행계획서를 보시고 가능하면 아끼지 않고 지원해 주셨습니다. 덕분에 저는 방학 동안에 여러 나라, 지역을 여행할 기회를 누릴 수 있었습니다.

유대인 속담에 귀한 아들은 여행을 보내라는 말이 있습니다. 그래서 그런지 중학생만 되어도 유대인 학생들은 각자 팀을 이뤄서 가고 싶은 여행을 계획하고 여행에 드는 경비를 각자 일을 해서 모읍니다. 보통 3~4명으로 이뤄진 여행그룹은 계획부터 준비, 여행과 보고서 작성까지 평균 6개월 프로젝트를 함께 합니다. 여행을 성공적으로 마치고 오면 평생 우정을 주위 사람들에게 인정받게 되는데 제게도 그런 평생 친구가 있습니다.

여행은 왜 좋은 것일까요?
여행은 자신의 가치관을 점검할 좋은 기회이기 때문입니다. 소위 문화

역량이 요구되는 이 시대에는 여행을 통해 다문화권 사람들과 사귀고 안목을 넓히는 것이 대단히 중요합니다. 다른 문화를 온전히 체험함으로써 나의 세계관과 철학을 점검할 수 있습니다. 한 나라에만 있으면 자신의 문화가 얼마나 특수한지, 보편적인지 모르지만 여행국의 다른 문화에 들어가면 오히려 우리 문화의 특징과 다른 점에 대해 비교할 능력을 갖추게 되고 우리가 지향하거나 고쳐야 할 점이 무엇인지도 깨달을 수 있게 됩니다. 유대인들은 여러 문화를 접하는 사람일수록 정체성이 확실하고 이웃과 지역 사회에 대한 봉사 정신도 투철해진다고 생각합니다. 여행 과정에서 피부색이 다르고 언어가 다른 다양한 사람들과 만남을 통해 나는 누구인가 더 깊게 생각할 수 있고 여행 중 받는 많은 도움의 손길 덕분에 이기적인 생각도 자연스럽게 줄어들게 됩니다. 자신을 양적으로나 질적으로 확장하는 기회가 되는 셈입니다. 다른 문화를 이해한다는 것은 곧 나의 문화에 대한 이해가 깊어진다는 뜻이며, 다른 문화를 존중한다는 것은 곧 나의 문화를 사랑한다는 뜻이니까요.

또 여행이 좋은 것은 내가 세상을 좀 더 긍정적으로 보게 한다는 사실입니다. 여행을 하다 보면 어려운 상황을 자주 만나게 되는데 그때마다 도와주는 손길을 통해 세상의 희망을 보기 때문입니다. 한 번은 여행을 갔다가 그만 신분증과 지갑이 들어있는 작은 가방을 잃어버린 적이 있었습니다. 단순 경유지에서 곧 떠나는 비행기를 타야 하는 급박한 상황에서 어린 학생이었던 저는 당황했었습니다. 그런데 지나가던 동양인을 붙잡아 사정을 이야기하고 그분의 도움으로 가방을 찾은 경험을 통해서 세상이 그렇게 험하고 나쁜 것만은 아니라는 것, 그리고 호의를 가지고 대하는 사람이 더 많다는 것을 배웠습니다. 그런 점에서 볼 때 여행은 세상의 지혜를 배우게 하고 나 아닌 것에 나를 동화시켜 가는 과정이라 할 수 있겠습니다.

물론 재정적으로나 시간상으로 여유가 없어 해외여행은커녕 국내여행도 못한다는 사람도 많았겠지만 그럴수록 나를 알아가는 소중한 기회를 놓치지 말아야 합니다. 젊을 때 세상 구석구석을 돌아보는 것이 결국은 커다란 자산이 되고 내가 사람들과 어울려 살아가는 데 지혜가 되어주며 나만의 스토리를 만들어줍니다.

해외여행만을 고집할 필요도 없습니다. 어차피 여행이라는 것은 일상을 떠나 새로운 나를 발견하는 과정이므로 국내든 국외든 여행하는 과정에서 나를 새롭게 발견하면 되는 것이지요. 혼자서든 가족들과 함께하든, 일상을 떠나는 여행을 권하고 싶습니다. 나를 발견하고, 가족 한 사람 한 사람을 새롭게 발견하는 행복을 누릴 수 있을 거예요. 국내도 좋고 해외도 좋습니다. 자신을 새롭게 찾는 여행을 떠나시길 바랍니다.

인복(人福), 물복(物福)이 있는 사람

'복(福)'을 사전에서 찾아보면 '삶에서 누리는 좋고 만족할만한 행운, 또는 거기서 얻는 행복'이라고 정의합니다.

지난해 말 Year Plan을 짜면서 '갖고 싶은 것'란에 피아노와 자전거를 써넣었습니다. 특히 피아노는 부피가 크고, 무겁고, 한두 푼 하는 물건이 아닌지라 함부로 살 수 없는 것이었지요. Year Plan에 쓰긴 했으나 당시에 아이들이 피아노를 꼭 갖고 싶다고 조른 것도 아니고, 눈앞에 좋은 피아노가 나왔던 것도 아니고, 구체적인 구입 계획을 세웠던 것도 아니었습니다. 반복되는 일상을 무심코 지나면서 문득 눈을 떠보니 시간은 흘러 그 해가 벌써 반에 가깝게 흘러갔습니다.

그러던 차에 남편이 제 Year Plan에 있던 피아노를 눈여겨봤던 모양입니다. 갑자기 생각지 못한 돈이 생겼는데 당신이 갖고 싶은 것을 사라고 하더군요. 콕~짚어서 '피아노'라고. 저의 Year Plan에 아주 작은 글씨로 적은 피아노를 기억해주고 그 소원을 들어주려고 하는 남편의 마음에 깜짝 놀라기도 했고 고맙기도 했습니다.

새것은 너무 비싸서 중고를 알아봤습니다. 중고 피아노 가게에 들리고, 중고품 사이트도 뒤져가며 부지런히 찾았지요. 수원 영통에 좋은 피아노가 있다 하여 달려갔다가 그냥 오기도 하고요. 일주일 즈음 지나고 나서 드디어 감이 오는 피아노를 발견했습니다. 한 시간 반을 달려가서 피아노를 보고 바로 돈을 지불하여 가져왔습니다. 조율사가 와서 피아노 조율을 하면서 몇 번씩 고개를 끄덕이고 감탄하기에 이유를 물었더니 일반인이 인터넷 직거래로 산 피아노치고는 너무 훌륭하다는 것이었습니다. 겉은 좀 긁히고 흠집이 있지만 내부는 아주 잘 보존이 되어있어 흠잡을 데가 없다고 합니다. 저를 보고 아주 진지한 표정으로 "아기엄마가 물건 복이 있으시네요." 하더군요. 그래서 제가 웃으며 말했습니다.

"네, 그래요. 제가 복이 좀 많습니다. 사람복도 많고요, 물건 복도 많네요. 그래서 항상 감사하며 살아요."

정말 그렇지 않나요? Year Plan에 쓴 피아노를 기억하고 살 수 있게 마음 써준 남편 복, 시흥에서 다섯 자매를 기르며 곱게 쓴 피아노를 제게 기꺼이 양도해준 이웃 복, 피아노의 가치를 정확하게 판단하고 좋은 소리가 날 수 있도록 해준 조율사 복, 거기에 더해서 좋은 추억이 깃들어있는 곱게 유지된 피아노 '청이'와 그 부속품들이 물건 복이 되겠네요.

아주 작고 사소한 것이라도 자신의 삶에서 좋고 만족할만한 행운을 찾고, 거기에서 행복을 느끼세요. 그리고 그 마음을 감사로 표현하세요. 바로 복 있는 사람이 되는 비결입니다.

2부

~~~~~

좋은 부모는
어떻게 '하는가'?

여는 글

~~~

엄친자녀 만드는 법

　부모님 그늘에서 자녀의 역할로만 살 때, 저는 나름대로 열심히 노력해서 좋은 자녀로 부모님께 효도한다고 생각했었습니다. 내게 주신 것보다 더 많은 것을 돌려드리고 있다고 감히 생각한 적도 있었지요. 그런데 부모님의 그늘을 떠나 가정을 이루고 한 사람의 아내, 두 아이의 엄마, 며느리라는 새로운 역할을 경험하게 되자 전에는 미처 몰랐던 새로운 세계가 제 눈앞에 나타났습니다.

　바로 '생명, 관계, 그리고 교육'입니다.

　한 생명의 씨앗이 엄마의 몸속에서 잉태되어, 산고 끝에 세상에 나오고, 한 사람의 몫을 할 수 있을 때까지의 성장 과정에서 발생하는 여러 가지 갈등을 해결하는 방법에 대해 고민하게 된 것입니다. 어떻게 하면,

　'내 아이가 조금 더 행복하고 감사한 삶을 살 수 있을까.'

　'나뿐 아니라 너에 대해서도 생각하고 배려할 수 있는 사람으로 성장할 수 있을까.'

　'자존감이 높고 자신의 재능을 잘 사용하여 다른 사람을 섬기는 사람으로 클 수 있을까.'

　'올바른 가치관과 깊은 신앙을 가지고 하나님을 경외하고, 이웃을 내

몸 같이 사랑하고, 세상의 빛과 소금이 되어, 자신의 꿈을 이루어가는 사
람이 될 수 있을까.'

어떤 분은 제 이런 고민이 욕심이라고 하더군요. 만약 이런 것이 욕심
이라면 저는 욕심 많은 사람이고 욕심 많은 엄마입니다. 그동안 얻은 이
런 고민의 해답들을 정리해봅니다.

첫 번째는 자녀 양육의 시기와 사랑의 형태에 대해서입니다.

자식을 사랑하는 것은 모든 부모나 마찬가지겠지만 시기마다 사랑의
방법과 형태가 조금씩 바뀌어야 합니다.

만 0~2세는 엄마가 곁에서 조건 없는 사랑을 쏟아줘야 할 때이고, 만
3~6세는 말보다는 행동으로 생활습관이나 생각하는 방식을 보여줘야 할
때입니다. 초등학교부터 사춘기까지는 부모의 긍정적이고 애정 어린 부
부관계를 보여줘서 정서적으로 든든한 기초를 만들어 줄 시기이고, 사춘
기는 일방적으로 도와주고 싶은 마음을 억제하고 지켜봐 주고 믿어주고
진지한 인격적인 대화를 시작하는 시기입니다. 그 이후는 자식이 독립하
여 제 갈 길을 갈 수 있도록 일절 관여하지 않는 냉정한 사랑을 보여줘야
합니다.

두 번째는 가치관 세우기입니다.

가치관은 사람이 살면서 행하는 모든 선택의 기준이 되는데 그 기초가
바로 가정의 종교관입니다. 어떤 종교를 가지고 있든 그 안에 있는 선과
행복에 대한 기준에 대해 깊이 나누는 것입니다. 특히 옳은 일 하기(Doing

right things)와 일을 바르게 하기(Doing things right)에 대한 우선순위를 중요하게 생각하여 행동을 선택하는 것입니다.

세 번째로 실수와 실패를 두려워하지 않게 하기입니다.

사람이면 누구나 실수하고 실패합니다. 흔히 사람은 실수와 실패가 어떤 일의 결과라고 생각하지만, 실수와 실패는 결과가 아니라 과정입니다. 중요한 것은 바로 그 이후에 벌어지는 일입니다. 성공은 한 번에 이루어지지 않으며, 많은 실수와 실패를 바탕으로 만들어지니 할 수 있을 때 열심히 실수와 실패를 해보라고 자녀를 격려해야 합니다. 하지만 그것이 말처럼 쉽지 않습니다. 부모에게도 크나큰 용기와 믿음이 필요합니다.

인생의 여러 고비마다 시의적절한 형태의 사랑을 주신 부모님, 선하고 옳은 것을 선택하는 가치관을 세우는 근거가 된 종교, 실패를 성공의 과정으로 만드는 습관이 엄친 자녀를 만드는 키워드입니다. 그것을 위해 저는 오늘도 무뚝뚝 시크한 사춘기 중학생 아들, 재기발랄 당돌한 초등학생 딸과 씨름합니다. 새벽에 나 자신과 마주하며 성찰하고, 낮에는 아이들과 놀고 싸우고 웃고 울고 사과하고 화해하고 관계를 이어가고, 밤에는 사랑하는 남편과 그날 하루의 일과를 돌아보며 나눔의 시간을 갖습니다. 어렵지만 그래도 할 만합니다.

엄친 자녀 이전에 우리가 먼저 엄친 부모가 되기를 다짐해봅니다.

1

아이의
정체성

200프로의 정체성

제 나이 열일곱, 대입 진로를 고민하던 시기에 나는 또 한 번의 커다란 정
체성의 변화를 겪게 되었습니다. 대학 진학을 놓고 여러 길을 고민하고
있던 차였습니다. 독일계 유대인 고등학교를 다녔던 저는 독일의 대학에
도 관심이 많았습니다. 독일 쪽으로 갈까, 미국 대학에 지원할까, 아니면
그냥 부모님 옆에서 현지 국립대학을 다닐까. 고민하던 차에 하루는 아버
지가 저녁에 일찍 오시더니 앞에 불러 앉히고 말씀하셨습니다.

"한국의 대학으로 가는 것이 어떠냐?"

전혀 생각지도 못한 진로라 눈만 껌벅이고 있을 때 아버지는 다시 말씀
하셨습니다.

"그동안 한국 사람인지 아닌지 혼란스럽기도 하고 힘들기도 했잖아. 여
기서 유아기, 청소년기를 보내며 기초 교육을 받았으니 여기 문화나 생
활, 사회와 관련된 정체성은 어느 정도 완성된다고 보면 되지 않을까? 이
젠 한국으로 갈 차례다. 여기에서 현지인으로서의 정체성을 100프로 올
리고 한국으로 건너가서 네 뿌리에 대해, 고전 문화와 역사를 돌아보고,

새로운 인맥도 만들고, 한국 고유의 친구 친척과 가족 관계 간의 차이와 특징, 신앙과 신념까지 다시 세우려무나. 그래서 한국인으로서도 100프로의 정체성을 찾아내어 채워보렴. 그러면 그 200프로의 정체성을 가지고 세계 어디서든 네 자신을 지키며 잘 살 수 있을 거야. 크기가 작더라도 100프로온전한 정체성과 50:50, 아니면 40:60으로 쪼개진 정체성의 강도는 다르지. 그러니 원영아, 너는 각각의 정체성을 100으로 채워서 200프로 인간이 되는 거야, 알겠지?"

아버지의 200프로 인간이라는 말씀은 열일곱 살 청소년기를 지나는 딸의 마음에 큰 영향을 미쳤습니다. 마음의 크기를 재조정하고 정체성 200프로의 새로운 인간으로 거듭나기 위해 6개월 간 대입 준비를 했습니다. 그리고 1996년 고려대학교 서어서문학과에 입학했습니다. 벌써 20여 년이 지난 오래전 이야기지만 자신이 누구인지, 무엇이 되고 싶은지, 어떻게 살고 싶은지를 고민하는 친구들에게 이 경험을 나누고 싶었습니다.

요즘은 자신이 태어난 나라에서, 같은 언어를 쓰는 사람들과 함께 살면서도 자신의 정체성에 대해 답을 갖지 못하고 고민은커녕 질문조차 하지 않는 학생들을 정말 많이 봅니다. 심지어 그런 질문과 답이 꼭 필요하면, 선생님이 좀 잘 정리해서 알려주시면 안 되냐고 묻는 학생들도 있습니다. 좁은 우물 안에서 그런 고민 안 하는 같은 부류의 개구리들만 평생 보고 살 것이라면 필요 없겠지요. 하지만 다리에 힘을 길러 우물을 박차고 뛰쳐나가서 더 큰 세상을 대면하고 싶다면 나의 정체성에 관련된 스토리를 키워 놓아야 한다고 말해줍니다. 무엇인가 가치 있는 것에 도전하려면 독특한 자신의 스토리가 있어야 하는데 그 스토리는 '나'를 제대로 아는 정체성에 관한 성찰에서 시작된다는 것을 이야기합니다. 그런데 '정체성 세우기'라는 일생일대의 중요한 일도 요즘 자아발견과 자아계발을 당연시하는 트렌드 앞에서 뭔가 '성공'하기 위한 요건 중의 하나로만 비치는 것이 안타깝습니다.

정체성은 자기와 다른 것을 가진 상대와 부딪히고 마찰을 겪으면서 단단하게 성장하고 완성됩니다. 아이의 정체성 세우기는 자신을 있는 그대로 보고, 자신과 다른 존재에 대한 차이와 의문점을 발견하여 자신이 추구할 가치에 비추어 인격에 새로운 무늬를 새겨가는 작업입니다. 또한 자신의 정체성이 다른 이의 것과 견주어 부딪혀보고 깨져서 수정되거나 업그레이드되어봐야 합니다. 이러한 작업이 성장기 청소년기에 잘 되지 않으면 어린 성인이 되고 맙니다. 연약하고 우유부단하며, 수동적이고 남탓하며, 책임지지 않습니다. 세상과 타인에 대한 얇고 폭이 좁은 자신의 시선을 거침없이 드러내 상처를 주고받게 됩니다.

2014년 4월 16일. 세월호 사건을 통해 우리 사회에 얼마나 많은 '어린 성인'들이 양산되었을까요. 타인의 아픔에 공감하지 못하고 진짜 지켜야 할 것이 무엇인지조차도 보지 못하는 사람들, 더러는 보이는데도 불구하고 자신이나 속한 집단의 이익을 위해 눈을 감거나 오히려 공격하는 사람들이 있는 것도 알게 되었습니다. 또한 절대다수의 분명한 자기 정체성 없는 대중들의 침묵이 어떤 결과를 가져오는지, 욕심과 독선, 무관심과 행동 없음이 어떤 결과를 낳는지 보게 되었습니다.

　'내 아이는 200프로의 정체성을 갖게 하겠다.'고 다짐하면 좋겠습니다. 대한민국 국민으로서, 그리고 더 넓게는 세계 시민으로서의 정체성 말이지요.

너는 앞으로 뭐가 될래?

아직 유치원생이었던 딸에게 "우리 이쁜 딸은 앞으로 뭐가 되고 싶어요?" 라고 물어본 적이 있었습니다. 조금도 망설임 없이, 하지만 아주 진지하고 정확한 대답이 냉큼 나오더군요. "엄마, 나는 양말이 될래요." "응? 양말? 왜?" "양말은 발을 따뜻하게 해주고 색도 예뻐서 신으면 기분이 좋아지니까요." 다른 사람을 따뜻하고 기분 좋게 하는 사람이 되고 싶다는 기특한 생각을 하는 것 같아 대견스러웠습니다.

그런데 아이러니하게도 좀 더 나이 들고, 아는 것이 많아질수록 우리는 이 질문에 대답하는 것을 힘들어합니다. 벌써 중학생만 되어도 부담스러워 하고 싫어하는 질문이지요.

"너는 앞으로 뭐가 될래?"

어릴 때 이런 질문 들어본 경험이 대부분 있을 겁니다. 질문 자체는 사실 굉장히 함축적이고 중요한 의미를 담고 있는데 정작 이 질문을 어른들

한테 받으면 주눅 들거나 짜증 나거나 화가 나서 마음과 귀를 닫는 경우
가 많았습니다. 왜냐하면 질문 앞에 "아휴~" 하는 한숨과 측은하거나 한
심하다는 눈빛이 세트로 따라왔으니까요. 이상하게도 우리는 무엇인가
실수나 잘못을 하여 야단맞을 때 저 질문을 들어서 아주 중요한 생각거리
하나를 놓치고 있었는지도 모릅니다.

  이 질문은 인생의 목적에 관해 물어보는 것입니다. 어떤 사람으로, 무
엇을 하며, 어떻게 살 것인지 스스로 생각해보고 그 답을 찾을 기회를 얻
게 해줍니다. 이 질문을 진지하고 깊게 대할수록 내면의 자아가 성숙하고
생각 그릇이 넓어집니다. 그런데 안타깝게도 현대를 사는 우리는 이런 질
문의 중요성을 간과하고 있습니다. 이 사회는 그냥 자신의 자리에 끼워
맞춰진 볼트와 너트처럼 타인이 시키는 일만 잘하는 사람이 되기를 요구
합니다. 그러면서 교육은 창의성을 기반으로 한 인재양성을 목표로 하자
고 합니다. 아이들이 혼란스러울 수밖에요.

  지금이라도 부모가 중심을 잡아야 합니다. 인생의 목적이 분명한 사람
으로 자랄 수 있도록 아이들에게 그 질문에 대해 생각할 기회와 시간을
의식적으로 만들어줘야 합니다. 그리고 무엇보다 부모 스스로가 어떻게
살 것인지 고민하는 모습을 보여주고 함께 하는 것이 좋습니다. 프랑스
의 시인이자 사상가인 폴 발레리는 '생각한 대로 살지 않으면 사는 대로
생각하게 된다'고 말했습니다. 목표가 없는 사람은 현재를 보면서 미래가
어떻게 될지 예측하므로 평생 현실에서 벗어나지 못합니다. 하지만 목표

기 있는 사람은 미래를 내다보며 지금 어떻게 행동해야 할지를 계획하고 그들이 원하는 미래를 만들어갑니다.

이 말을 전해주고 어떻게 살고 싶은지, 혹시 아빠(엄마)처럼 살고 싶은지 용기 내어 물어보세요. 아이의 입술에서 여러분의 삶을 요약하는 단어가 나올지도 모르니 긴장하시고요.

그래서 무엇이 하고 싶은데?

얼마 전 아들이 다니는 학교에서 '직업 탐방 진로 활동'이라는 안내장이
왔습니다. '나의 관심 직업 탐방의 날'을 운영하려고 하니 아이들에게 부
모나 친인척의 일터 등 관심 있는 직업 방문의 기회를 제공하는데 협조해
달라는 내용이었습니다. 진로 및 일에 대해 관심을 나타내기 시작하는 아
이들에게 일의 세계에 대한 지식과 의사결정 과정, 자기 인식을 위한 지
도가 필요하다는 생각이 들어서 아들과 이야기를 시작했습니다.

"아들아, 너는 무엇을 하며 살고 싶어?"
"저요? 하고 싶은 게 너무 많아요. 축구선수도 하고 싶고, 태권도 사범도 하
고 싶고, 명탐정 코난처럼 멋진 탐정도 되고 싶고, 유엔사무총장도 하고 싶
어요."
"우와, 우리 아들은 정말 되고 싶은 게 많구나. 그런데 말이지 엄마가 궁금
한 것은 축구선수, 태권도 사범, 탐정이 되고, 유엔사무총장이 돼서 무엇을
'하고 싶은가?'라는 거야."

"음, 축구선수가 되면 다른 나라랑 시합할 때 골을 넣어서 한국을 빛나게 하고 싶어요. 태권도 사범이 되면 약한 사람들을 보호하고 지키는 일을 하고 싶어요. 아이들한테 자기를 지키는 방법도 잘 가르쳐주고. 탐정이 돼서 어려운 사건들을 해결해서 억울한 사람이 없게 하고 싶어요. 유엔사무총장이 되면 지구촌에서 일어나는 나쁜 일들을 모두 그만두게 하고 싶어요. 전쟁 같은 거요."

"그렇구나. 엄마가 들어보니 우리 아들 하고 싶은 일이 모두 다른 사람을 돕고 행복하게 해주는 일이구나. 정말 기대되네."

"근데 엄마, 이젠 좀 욕심을 버려야겠어요."

"응? 어떤 욕심을 말하는 거야?"

"얼마 전까지는 아까 말한 일을 모두 다 해야겠다고 생각했는데 조금 커보니(?) 다 이루기는 좀 어려울 것 같아요. 그냥 되는 것만 해야겠어요."

"하하하. 그래. 모든 것을 이루기는 어려울 수도 있겠다. 그런데 '그냥 되는 것'이 뭔지 궁금하네. 예를 들어주면 더 잘 알 수 있을 것 같은데."

"그러니까 내가 잘할 수 있는 것, 하면 기분 좋아지는 것을 하고 싶어요. 물론 공부는 해야 하지만요. 예를 들면 축구나 태권도는 몸이 힘들긴 하지만 하고 나면 기분이 좋아지거든요."

그날, 아들과 저 사이에 많은 이야기가 오갔습니다. 그리고 해결책을 나름 잘 정리했습니다. 인생 전체를 놓고 하고 싶은 일들을 시기별로 배열하는 것이지요. 10대에는 축구선수를, 20대에는 태권도 사범을, 30대에는 탐정을, 그리고 50대가 넘어서 할아버지가 되기 전에 유엔사무총장을 하겠다고요. 물론 이 계획이 다 이루어질지는 알 수 없습니다. 하지만 아들이 이런 인생 계획을 가지고 하루하루를 산다면 아무 생각 없이 부모가 시키는 대로 공부하고 좋은 대학 나와서 직장 잡아 나 혼자 잘먹고 잘 살면 장땡이라고 생각하는 아이들보다 훨씬 주도적으로 행복하게 살 거라 기대합니다.

세상은 이미 사회적 가치를 중시하고 개인의 창조적 역동을 중시하는 방향으로 변화해가고 있습니다. 따라서 미래 사회에서 우리 아이들이 직업을 통해 행복한 삶을 살아가려면 내면의 가치를 돌아보고 생의 궁극적인 목적, 즉 '무엇을 하며 살 것인가?, 어떻게 살면 행복할까?'에 대한 질문을 계속 발전시켜야 할 것입니다. 그리고 자신만의 스토리를 만들어가야 합니다.

여기서 한 가지, 아이가 자신의 진로를 찾아가는 여정에서 부모의 역할은 절대적입니다. 아이에게 제대로 된 진로 교육을 시키기 위해서는 부모의 삶부터 올바른 진로를 밟아야 합니다. 아이들에게 무엇을 들려주기 전에 자신이 오래전에 내려놓았던 가치를 다시 찾고, 자신의 진로를 조정해가는 모습을 보여준다면 그보다 더 좋은 모범답안은 없습니다. 아이들은 부모의 뒷모습을 보고 성장하는 존재들이기 때문입니다.

오랫동안 잊고 있던 가치를 다시 한번 찾아보세요. 그리고 그것에 대해 아이와 대화하는 것에서부터 진정한 밥상머리 진로 교육이 시작됩니다.

내 인생은 사다리인가
정글짐인가?

페이스북 최고운영책임자(COO)인 셰릴 샌드버그는 강연에 나가면 늘 이런 질문을 받곤 합니다. "미래를 어떻게 계획하셨어요?" 샌드버그는 처음에 이 질문에 확실한 답을 떠올릴 수 없었습니다. 첫 직장이던 월드뱅크에서 인도 나병환자들을 돕던 경험과 미국 재무부장관의 비서실장으로 활약했던 경험은 그녀가 지금 페이스북이라는 IT기업에서 일하게 된 것과 어떠한 상관관계도 찾을 수 없었기 때문입니다. 겉으로 보면 완전히 다른 분야에서 중구난방 했던 경험이었습니다. 하지만 이제 완벽하게 말합니다. 자신의 인생이 마치 정글짐 같다고 말입니다.

컴퓨터를 전혀 다룰 줄 몰랐던 그녀는 대학을 졸업할 때만 해도 자신이 IT기업의 이사가 되리라고는 꿈에도 생각지 못했지만 기술을 잘 모르는 것이 오히려 그녀가 그 분야에서 일하는 데 더 강점이 되었습니다. 정치계에서 일하면서 배운 협상의 기술과, 인도에서 배운 지구 반대편 사람들에 대한 공감의 경험은 엔지니어 출신들로만 가득 찬 실리콘밸리에서 그녀만의 차별화된 능력을 제공해준 것입니다. 언뜻 보면 관계없고 느슨하

게 보였을지 모르나, 탁월한 운영책임자로서 하나의 완전체를 이루는 그
녀의 경력이 마치 정글짐과도 같다고……

　미래는 계획한다고 해서 그대로 이뤄지지는 않습니다. 오히려 가슴이
움직이는 대로 따라가다 보면 과거에 행했던 모든 일이 퍼즐처럼 연결되
어 미래와 만나곤 합니다. 정석적인 길에서 벗어났다는 것이 꼭 안 좋은
미래로 가고 있다는 것을 뜻하지는 않기 때문입니다. 다음은 제 페이스북
친구(saramvirus, 사람 바이러스)의 글을 이곳에 공유해봅니다.

　몇 달 전, 제가 살고 있는 동네 한 중학교에서 학생 한명이 투신자살을 시도
했으나 미수에 그친 사건이 일어났습니다. 그 학생의 자살 시도 이유는 '성
적비관에 의한 좌절감'이었는데 놀랍게도 그 학생은 공부 성적이 전교 10등
안에 들었고, 학교에서나 가정에서도 모범적이고 평범한 아이였습니다. 선
생님이나 친구들과도, 심지어는 부모와도 사이가 좋고 원만했던 그 아이
가 왜 그런 일을 벌였을까 궁금했는데 우연히 같은 학교에 다니는 학생을
만나 이야기할 기회가 있었습니다. 이 친구는 만약 자기도 그런 상황이었
다면 죽고 싶은 충동이 들었을 거라 하는 것을 듣고 깜짝 놀랐습니다. 왜 그
런 생각을 하느냐 물었더니 그 사건이 있기 바로 전에 2학기 시험 성적이 나
왔는데 등급이 사정없이 떨어져 버렸답니다. 고등학교 입시에 완전 치명적
인 성적이었던 것이지요.
그 이야기를 듣고 저는 마음이 답답했습니다. 남보다 좋은 고등학교에 가
서, 남보다 좋은 대학에 가고, 남보다 좋은 직장 잡아서, 남보다 좋은 사람
만나 결혼하고, '남보다'라는 귀신이 붙은 것처럼 평생을 쫓기면서 삽니다.

아니면 이렇게 허무하게 삶을 포기한다면 사람의 인생이 정말 불쌍하지 않을까요? 놀랍게도 이러한 극단적이고 불쌍한 생각은 우리 사회 전반에 걸쳐 퍼져 있습니다. 이런 생각의 영향을 가장 깊게, 가장 많이 받는 사람이 바로 아이 키우는 부모라는데 그 심각성이 있습니다.

부모는 자녀에게 길을 제시합니다. "자, ○○고등학교를 나와서 ○○대학에 가고, ○○를 직업으로 가지면 행복하다고 하니 지금부터 열심히 공부하라."고. 그리고 아이들에게 절대로 실패나 시행착오의 여지를 주지 않으려고 노력합니다. 그것이 올바른 부모의 역할이려니 생각합니다. 그러나 과연 그럴까요?

인생에는 절대 경험치가 필요한 것들이 많습니다. 자신이 겪어보지 않고는 이해할 수 없는 일들이지요. 대표적으로 연애가 그렇고, 공부가 그렇고, 운동이 그렇습니다. 아이가 실패와 시행착오, 좌절 같은 경험을 해야 비로소 터득할 수 있는 지혜를 거저 먹이려 하니 당연히 잘 안 되지요. 오히려 부작용으로 반항, 불만, 두려움, 짜증, 관계 단절이 일어납니다.

우리 아이들의 인생은 하나의 방향(위)과 하나의 방법(오르는 것)밖에 없고 다음 것을 못 잡으면 떨어질 수밖에 없는 사다리가 아닙니다. 앞뒤 좌우로 얽혀서 하나의 덩어리를 이루는 정글짐의 형태라는 것을 기억해야겠습니다. 아이들에게 이거 아니면 다른 길은 없다고 채근하지 마세요. 좀 더 마음의 여유를 가지고, 좀 더 시선을 먼 곳에 두는 태도가 필요합니다.

개미처럼 살고 싶은가,
베짱이처럼 살고 싶은가?

"개미처럼 살고 싶은가, 베짱이처럼 살고 싶은가?"

중3 학생들 진로 관련 상담 수업을 시작하면서 소그룹 학생들에게 꼭 물어보는 질문입니다. 조금은 생경하고 단순하지 않은 이 질문을 던지고 이에 대해 함께 이야기하면, 나는 베짱이라고 자신있게 말하는 아이도 있고 자신은 개미처럼 부지런히 살아야 한다고 말하는 아이도 있습니다. 그런데 대부분의 아이는 머뭇거립니다. 개미라고 생각하기에는 자기 삶이 한심하리만치 게으르고, 베짱이라고 생각하기에는 너무 열심히 산다고 생각하기 때문입니다.

잘 알다시피 개미는 내일을 위해 오늘을 열심히 일하는 존재입니다. 그 일이 지금 당장에는 즐거움이 되지 못하고 오히려 고통일 뿐이지만 이 고통을 참고 견디면 내일을 안락하게 보낼 수 있다고 생각하는 존재가 개미입니다. 또한 개미는 자신만을 위해서 사는 게 아니라 개미 집단 전체를 위해 자신을 희생하며 삽니다.

우리는 어릴 때 '마시멜로 실험'에 관한 이야기를 듣거나 소개받아 알고 있습니다. 한 방에 아이들이 좋아하는 마시멜로가 가득 들어있는 접시를 놓고 아이들에게 '지금 하나 먹을래, 조금 기다렸다가 두 개 먹을래?' 하고 물어보고 그 질문에 대한 선택으로 아이들을 두 그룹으로 나누는 이야기입니다. '하나라도 지금 당장 먹을래요.' 하는 그룹과 '조금 기다렸다가 두 개 먹을래요.' 하는 그룹. 이야기의 핵심은 '즐거움을 유예할 줄 아는 아이가 나중에 더 잘되더라.'였습니다. 이 이야기는 전 세계적으로 엄청난 반향을 일으켰습니다. 그리고 많은 아이가 이 이야기에 근거한 부모의 잔소리를 들어야 했지요. 지금 공부해라. 그래야 나중에 좋은 직장과 안락한 삶을 살 수 있다고. 바로 개미의 이야기입니다.

반면에 베짱이는 내일을 위해 오늘을 사는 것이 아니라 오늘을 즐기는 주체입니다. 내일의 안락함을 위해 오늘의 즐거움을 유예하지 않지요. 또한 베짱이는 오로지 자신만을 위해 살아갑니다. 자신이 죽으면 공동체고 뭐고 사라지기 때문에 베짱이한테는 자기 자신이 곧 세계입니다. 어른들은 아이들에게 개미가 되기 싫다면 제대로 된 베짱이가 되라고 합니다. 일하지 않고 떵까떵가 노는 존재가 아니라 노는 것을 자기 '일'로 삼고, 자기가 하고 싶은 일을 직업으로 하여 열정을 바쳐 살아가는 베짱이, 자아실현하는 베짱이가 되라고 합니다. 그래서 베짱이는 여름날 땀을 뻘뻘 흘리면서 바이올린을 켜야 하지요. 그렇기에 베짱이는 개미보다 지독하게 일해야 합니다. 현재를 즐기면 된다는 베짱이의 시간은 미래 어느 시점에서의 '성공'을 전제로 합니다.

여기서 질문입니다.

개미와 베짱이, 둘 중에 이상적인 삶의 형태는 무엇인가요? 내 아이가 어떤 존재로 성장하길 바라나요? 아니, 그것보다 먼저, 지금 나는 어떤 존재인가요? 어떤 존재가 되기 원하는가요? 만약 자신의 삶이 앞에 두 가지 전제에 딱 들어맞지 않는다면 어디쯤 놓을 수 있을까요? 아이들에게 사고하는 능력에 대해 강조하지만 정작 우리는 이런 질문에 어떤 대답을 할 수 있는지 생각해봅니다.

Think Globally and Act Locally!

생각은 크게, 행동은 작은 것부터!

전 예일대 로스쿨 학장이셨던 고홍주 박사님이 2005년 예일 법대 신입생 환영사에서 했던 말씀입니다. 날마다 하는 일상적인 일도 세계적인 안목으로 보라는 뜻입니다. 우리 아이들은 이미 국제화 시대에 살고 있고, 세계를 무대로 활동하고 성장해나갈 것이기 때문에 일찍부터 세상을 보는 관점을 훈련해야 한다는 의미입니다.

모두가 리더가 될 수는 없습니다. 누군가는 앞에 나서서 진두지휘하고, 또 다른 누군가는 바로 뒤에서 기획과 실행을 담당하고, 더 많은 누군가는 그들을 지지하며 그들에 의해 준비된 길을 갑니다. 하지만 리더십을 갖고 성장한 아이들은 어디서 무엇을 하든 스스로 주인이 돼 만족감을 느끼며 일을 할 것입니다. 실제로 리더가 되는 것보다 더 중요한 것이지요. 리더십은 이제 빠르게 변화하는 미래 사회에 대한 적응력을 포괄하는 개

넘으로 확장되었습니다. 우리 자녀를 스스로 자신의 미래를 생각하고 계획할 수 있는 아이, 그것을 실천하고 자신이 걸어야 할 길을 찾아내는 아이, 자신의 삶을 즐거움과 행복으로 채울 수 있는 아이로 키워야 하지 않겠습니까. 한국에서 자라든, 외국에서 자라든 이제 우리 아이들은 모두 한 문화권 안에서 살게 될 것입니다. 다문화 속에서 살아가려면 한국인의 정체성을 지키면서도 다문화라는 세계적인 문화에 적응할 능력을 갖춰야 합니다.

그렇다면 부모들은 어떻게 도와주어야 할까요?

우리는 익숙한 한국 문화만이 아니라 아이들이 장차 살아갈 다문화 속에서의 삶을 염두에 두고 풍부한 경험을 제공해 주어야 합니다. 다양한 경험은 아이들의 사고 폭을 확장해줄 뿐 아니라 자기 자신에 대해서도 깨달을 기회가 됩니다. 여행도 좋고, 체험학습도 좋고, 종교나 동호회 등 단체 활동도 좋습니다. 아이들에게 다른 문화와 인종의 친구들과 어울려 놀 기회를 만들어 주세요. 어울려 놀면서 자연스럽게 서로의 차이를 이해하고, 자신의 특성을 다른 문화권 사람에게 이해시키는 법을 익히게 할 수 있습니다.

그런데 이 모든 일에 앞서는 중요한 것이 있습니다. 자기 삶의 목적을 가지고 있는가? 입니다. '나는 누구인가'에 대한 질문은 자연스럽게 '무엇을 할 것인가'로 이어지게 되고 여기서 '무엇'은 꿈이자 평생 이루고자 하는 목표, 다른 말로 '비전'이라고 합니다. 그 비전을 이룰 구체적인 방법과 과정은 수많은 시행착오를 거치며 수정 보완됩니다. 더 나아가서 다른 사람을 도움으로써 더 행복해지는 사람, 이 땅에 태어나서 내가 남길 수 있는 선한 것이 무엇인가(미션)를 고민하는 사람으로 성장한다면 더 이상 바랄 것이 없겠지요. 우리 아이들이 세계적인 마인드로 각자의 일상에서 충실한 '행복둥이'가 되도록 마음을 모아 매일 응원을 보내면 좋겠습니다.

2

아이의
자존감

여의주와 쇠똥경단

조선 시대 최고의 독서가로 이름이 높았던 인물 중에 이덕무라는 사람이 있었습니다.

그의 글은 수수하면서도 뛰어나서 정조임금이 아주 좋아했다고 합니다. 그가 지은 글을 모은 '청장관전서(靑莊館全書)'에 보면 가슴을 움직이는 문구들이 많이 있습니다. 그중에 제가 가장 좋아하는 문구 하나를 소개하려고 합니다.

"쇠똥구리는 쇠똥 경단을 아끼기에
용의 여의주를 부러워하지 않고
용은 여의주를 뽐내지 않고
쇠똥 경단을 비웃지 않는다."

용이 되어 여의주를 물었든 쇠똥구리로 쇠똥 경단을 굴리든 자신의 위치에서 자신의 것을 아끼고 최선을 다하는 모습이 가장 아름답다고 그는 말합니다.

　모든 부모는 내 아이가 어떤 재능을 가졌는지 궁금해합니다. 그리고 되도록 그 재능이 다른 사람과 비교해서 더 유능하고 높이 빛나기를 바랍니다. 우리는 모두 자기만의 재능과 꿈, 특징을 가지고 태어납니다. 그 재능이 용의 여의주처럼 빛나고 희귀한 것일 수도 있지만 대부분은 쇠똥구리의 쇠똥 경단처럼 일상적이고 평범한 것인 경우가 많습니다. 아이가 그러한 자신을 발견할 그때에 부모의 역할이 중요합니다. 그 순간에 부모는 아이에게 있는 그대로의 자신이 귀하고 가치 있는 존재라는 자존감을 깊이 심어주는 일을 해주어야 합니다. 쇠똥구리가 자신의 쇠똥 경단을 아끼는 것처럼 자신의 재능과 외모, 삶을 아끼고 다른 이들의 것을 무조건 부러워하지 않도록 도와주어야 합니다. 자신의 쇠똥 경단을 부지런히 굴리는 작업을 다른 용의 여의주보다 높이 평가해주어야 합니다.

　또한 자신의 아이가 여의주를 물고 있는 용이라 생각하시는 부모님은 아이가 자신의 재능을 뽐내지 않고 다른 이의 것을 비웃지 않는 바른 마음을 갖도록 단련시켜 주어야 합니다. 존재 자체로 충분히 귀한 사람들 간의 관계를 소중히 여기게 되면 비웃거나 상대적 박탈감에 빠지지 않을 수 있습니다. 그래야 더불어 사는 인생을 행복하게 살 수 있지 않을까요?

당신은 사랑받기 위해 태어났나요?

빅토르 위고가 말했습니다.

"삶에 있어 최상의 행복은 우리가 사랑받고 있다는 확신이다."

한 때 '당신은 사랑받기 위해 태어난 사람'이라는 CCM(contemporary christian music)이 큰 인기를 끌었습니다. 크리스천뿐만 아니라 대중음악 사이에서도 공공연하게 불렸고 심지어 드라마 배경음악으로도 사용되었습니다. 왜 이 노래가 사람들에게 큰 인기를 끌었을까요? '당신은 사랑받기 위해 태어났다'는 말은 상대방에게 무한한 기쁨과 감사를 주고 자기의 존재를 긍정하게 만드는 힘을 가지고 있기 때문입니다. 더 나아가서 사랑하기 위해 태어난 것을 감사한다면 더 멋진 삶이 되겠지요.

사람에게 있어 자존감이란 주위 환경이나 인물에 상관없이 자기 자신을 사랑하고 격려하며 나아가서 자신의 행동에 확신을 갖게 하고 책임지게 하는 힘을 가진 아주 중요하고 없어서는 안 될 귀한 요소입니다. 우리의 삶이 우리가 마음속에 품은 비전대로 이루어진다는 것을 생각하면 우리가 다른 이들에게 사랑한다고, 당신은 사랑받기에 합당한 사람이라고 표현하는 것은 의무입니다.

나른한 여름방학 아침에 곤히 자는 아이들 엉덩이를 두드리며 나지막한 노래를 귓가에 흥얼거립니다. "똑!똑!똑! 세상에서 제일 멋지고 사랑스러운 우리 아들 어디 있나요? 엄마가 세상에서 제일 사랑하는, 미소가 예쁜 우리 공주 어디 있나요?" 두 아이 모두 잠결에 씨익 웃고는 고개를 돌려 엄마 품 안으로 들어옵니다. 자신이 사랑받고 있다는 확신에 차서 행복한 미소를 짓는 따뜻하고 부드러운 포근포근한 아이들을 품에 안고 다시 한번 기도합니다.

"하나님, 당신과 저희 부부의 사랑을 받기 위해 태어난 이 아이들을 기억하셔서 자신이 받은 사랑을 다른 이들에게 넘치도록 풍성하게 나누는 귀한 사람으로 성장하게 하여 주세요." "아멘~." 아침 잠을 깨우는 기도가 끝나면 거짓말처럼 눈을 번쩍 뜨고 배고프다고 하는 아이들을 위해 부엌으로 갑니다.

참. 또 한 분. 새벽에 출근하는 남편을 꼭 안고 그 귀에 대고 속삭입니다. "자기야, 누가 뭐라 해도 자기는 사랑받는 사람이에요. 자기가 무엇을 하든, 어떤 상황에 놓여있든 안심하세요. 세상에 당신을 귀하게 여기고 진심으로 사랑하는 사람이 적어도 세 사람은 있으니까요." 그때는 무심히 웃으며 엘리베이터를 타던 그에게 이런 메시지가 옵니다.

"고마워요, 나도 아주 많이 사랑해."

아, 저도 기분이 아주 좋습니다. 내가 사랑받고 있음을 다시 한번 느끼게 되었기에 또 하루 무척 행복한 날이 지나갑니다.

그냥 좋은 사람~

오랜만에 아들 손을 잡고 아파트 앞 정원을 산책했습니다. 그냥 조용히
걷고 있는데 아들이 묻습니다.

"엄마, 엄마는 착한 아들이 좋아, 똑똑한 아들이 좋아?"
"글쎄. 엄마는 착한 아들도 좋고 똑똑한 아들도 좋은데?"
"그럼 잘생긴 아들이 좋아, 튼튼한 아들이 좋아?"
"엄마는 잘생기고 튼튼한 아들이 좋아."
"아니, 딱 하나만 고른다면? 착한 것, 똑똑한 것, 잘생긴 것, 튼튼한 것
중에서 하나만 고른다면 어때요?"
"음, 그럼 엄마는 그냥 아들이 좋아."

뭔가 사지선다로 하나의 객관식 답을 들을 기대감에 부풀어 있다가 아
이의 표정이 이상야릇해집니다. 후후. 착하고 똑똑하고 잘 생기고 튼튼한
것도 물론 좋습니다만, 저는 아들이 그냥 좋습니다.

여러분은 어떠신가요? 눈을 감고 생각해보세요. "그냥 좋은" 얼굴이 떠오르시나요? 그럼 마음을 손끝에 모았다가 팔을 펼쳐서 그 대상을 향해 "나는 네가 그냥 좋아~!" 라고 표현해보세요. 함께 따뜻하고 풍성해지는 관계를 맛볼 수 있습니다.

　　<훌륭한 엄마와 평범한 엄마>

　　훌륭한 엄마는 문제의 해법을 사람에게서 찾고,
　　평범한 엄마는 프로그램에서 찾는다.

　　훌륭한 엄마는 희망에 초점을 맞추고,
　　평범한 엄마는 규칙에 초점을 맞춘다.

　　훌륭한 엄마는 문제 발생 시 예방에 집중하고,
　　평범한 엄마는 문제 발생 시 처벌에 집중한다.

　　훌륭한 엄마는 아이에게 높은 기대치를, 자신에게는 더 높은 기대치를 갖고,
　　평범한 엄마는 아이에게 높은 기대치를 갖지만 자신에게 별반 기대를 갖지 않는다.
　　훌륭한 엄마는 가정 안의 최대 변수는 엄마임을 알고 있지만,
　　평범한 엄마는 아이, 선생님, 사회 환경을 변수라고 생각한다.
　　훌륭한 엄마는 모두를 존경으로 대하지만

평범한 엄마는 특정 대상만을 존경으로 대한다.

훌륭한 엄마는 긍정적인 태도를 공유하려 애쓰지만,
평범한 엄마는 불평과 불만을 생각 없이 퍼뜨린다.

훌륭한 엄마는 관계개선에 힘쓰며 먼저 사과할 줄 알지만,
평범한 엄마는 날카로운 지적, 꼼짝 못할 반박을 일삼는다.

훌륭한 엄마는 사소한 소란은 무시할 줄 알지만
평범한 엄마는 사소한 소란에 말려 전쟁을 선포한다.

훌륭한 엄마는 매사에 계획과 목적을 갖고 행동하지만,
평범한 엄마는 주사위 구르는 대로 하루하루를 보낸다.

훌륭한 엄마는 아이의 재능과 가능성을 항상 염두에 두지만,
평범한 엄마는 항상 과거의 실패를 위주로 생각한다.

훌륭한 엄마는 노력하는 아이를 불편하게 만들 결정을 피하지만,
평범한 엄마는 노력하는 아이까지 불편하게 할 결정을 내린다.
훌륭한 엄마는 시험과 평가를 총체적인 관점에서 바라보지만,
평범한 엄마는 시험과 평가 자체에 집착한다.
훌륭한 엄마는 변화를 이루는 감정의 힘을 알지만,

평범한 엄마는 말만으로 동기를 유발하려 한다.

(출처: 사교육 걱정 없는 세상, 학부모 연수자료)

이웃집 엄친아

몇 년 전 한 학습연구소에서 다음과 같은 설문 조사를 실시했습니다.

"우리나라 학생들이 이 세상에서 가장 싫어하는 사람은 누구일까요?

1위는 바로 "이웃집 엄친아"였습니다. 저는 그 이유 중의 하나가 아주 흥미로웠습니다.

"선생님, 참 짜증 나요. 엄마 말 들어보면 이웃집에 사는 아무개는 시험도 잘 보고, 인간성도 좋아서 엄마에게 잘하고, 집안일도 척척 도와주고, 만날 선생님께 칭찬받고, 게다가 공부에 많은 시간을 들이지 않고도 시간 관리를 잘해서 시험 결과가 좋다니 완전 얄미운 애예요. 아무리 학교를 옮기고 이사를 해도 우리 옆집에는 꼭 그런 애만 산다니까요!"

비교 때문에 생기는 우습지만 심각한 진실입니다. 사람이 제일 싫어하는 것은 다른 누구와 비교당하는 것입니다. 비교는 때로 경쟁심을 불러일으켜 동기부여가 되기도 하지만 대부분은 아이의 자신감과 자존감에 상처를 주게 됩니다.

사람을 비교하면 세 사람을 죽입니다.

먼저, 비교하는 사람(엄마) ⇨ 자신의 아이를 부족하다고 판단한다. 결과 ⇨ 관계 단절

두 번째, 비교 당하는 사람(아이) ⇨ 자신이 부족하다고 인식한다. 결과 ⇨ 자신감 추락

마지막으로 비교 대상(이웃집 아이) ⇨ 자기도 모르는 사이에 비난과 미움의 대상이 된다. 결과 ⇨ 따돌림이나 괴롭힘의 잠재 대상이 됨

비교급을 안 썼다고 비교하지 않은 것은 아닙니다. 상담을 하다 보면 엄마는 지나가듯 별 뜻 없이 이야기했다고 하시지만 아이는 그렇게 생각하지 않았습니다. 아주 민감하게 느낍니다. 엄마가 자신에 대해 못마땅한 부분이 있다는 것을 느끼고, 자기보다 잘 해내는 사람에 대해 열등감을 느끼고, 급기야는 자기를 한심하고 못난 사람으로 규정지어버립니다.

"아유, 이 말썽쟁이!"

"너는 왜 잘하는 게 하나도 없니?"

"너희 형은 안 그랬는데 너는 대체 어느 별에서 왔니?"

"도대체 커서 뭐가 될래? ○○는 진로를 정하고 벌써 준비를 시작했다고 하더라."

"너 생각이 있는 거야, 없는 거야?"

"너 엄마 죽고 나면 어떻게 살래?"

"내가 너 때문에 늙는다, 늙어!"

한 번 점검해보세요. 평소에 습관처럼 하는 말 중에 위와 같은, 비슷한 것은 없는지. 이 글을 읽은 오늘은 비교보다는 칭찬 한마디 해보면 어떨까요? 그냥 "○○야 너는 참 괜찮은 아들(딸)이야."라고 말해보면 어떨까요? 그리고 갑작스러운 고백에 의아해하는 아이가 이유를 물어보면 "그냥"이라고 답변하는 거죠. "가족 간에 좋아하고 사랑하는데 이유가 있어야 할 필요는 없잖아?"라고 덧붙여도 좋겠죠. 한 번 해보세요. 처음에는 서로 닭살이 돋을 수도 있지만 분명 관계에 변화가 일어납니다.

잘했어! 괜찮아!

천고마비의 계절, 운동회와 소풍의 계절, 파랗고 높은 하늘과 시원한 산들바람이 주인공인 가을에 초등학교 가을 운동회에 참석하여 즐거운 시간을 보냈습니다.

아이들은 경건한 마음으로 애국가를 부르며 시작했습니다. '독도는 우리 땅' 노래에 맞춘 단체 율동, 박 터트리기, 줄다리기, 마지막으로 계주까지 열띤 응원도 하고 승리의 함성과 안타까운 탄식을 내어가며 열심히 참여했습니다. 점심 때는 김밥을 같이 나눠 먹으며 전에 했던 경기에 대해 침을 튀겨가며 토론하더군요.

그때 한 아이가 유독 풀이 죽어있었습니다. 계주 대표로 나갔다가 넘어져서 팀이 한 참 뒤처지게 되었거든요. 다른 친구들이 분발해서 뛰었지만 결국 못 따라잡았고 승부에서 지고 말았기에 여전히 마음이 불편한 모양이었습니다. 고개를 숙이고 김밥을 입에 욱여넣고 있는 그 아이 곁으로 한 친구가 다가오더니 갑자기 뒤에서 꽉 껴안았습니다.

"○○야, 우리 이번에 진짜 잘 뛰었어. 네가 처음에 넘어져서 우리가 모두 놀라서 더 최선을 다해 뛸 수 있었어. 그러니까 너무 우울해하지 마. 괜찮아, 그동안 연습한 것만으로도 우리끼리는 우승이라고 생각하자."

깜짝 놀랐습니다. 우와, 이런 아이가 있다니. 낙심한 친구에게 진정한 응원을 보내더군요. 오늘의 자존감 이야기의 주인공으로 손색이 없는 아이였습니다.

스스로 칭찬할 줄 아는 아이야말로 진정 자존감이 높은 아이입니다. 모든 과정이 끝난 뒤에 꼭 해야 할 것은 바로 스스로에 대한 칭찬입니다. 어떤 것이든 과제를 끝낸 뒤 "잘했어. 나는(우리는) 역시 멋져!" 혹은 "괜찮아, 다음번에 더 잘하면 돼."라고 스스로 말하게 하는 것은, 아이가 자신감을 갖고 자신을 자랑스럽게 여기도록 하기 위함입니다. 물론 처음에는 자신을 칭찬하는 것이 익숙하지 않아 부자연스럽게 느껴지지만 높은 자존감을 가진 행복한 사람이 되기 위해서는 꼭 가져야 할 습관이기에 부모가 도와주어야 합니다. 아이 스스로 자신을 칭찬하는 습관을 갖게 하려면 부모가 먼저 아이를 칭찬하고 격려해야 합니다. 칭찬받아 본 경험이 적을수록 자신을 칭찬하기가 어렵기 때문입니다.

한 예로, 많은 부모는 아이가 숙제나 문제집 풀기를 끝내는 것은 너무 당연한 일인데 왜 칭찬을 해야 하는지 의아해합니다. 하지만 어른의 입장에서는 쉽고 누구나 할 수 있는 것처럼 보이는 것도 아이에게는 큰 노력이 필요한 힘든 과정일 수 있습니다. 게임 하고 싶은 마음을 누르고 졸린 것을 참아가며 어렵게 이룬 결과이지요. 비록 한 시간 내내 집중하지 못했고 100점은 못 받았지만 아이가 노력한 것은 칭찬받을 만한 충분한 가치가 있습니다. 부모가 옆에서 "우리 ○○이 계획대로 차분하게 잘했네. 이제 네가 너한테 칭찬해줘라. '○○는 멋진 아이야!'라고 해줘."라며 시범을 보이면 아이도 기뻐하면서 스스로 칭찬하는 법을 배웁니다.

부모가 마음속으로 대견하게 생각하고 있는 것만으로는 부족합니다. 아이는 부모의 눈빛을 보는 것만으로는 부모의 마음을 읽을 수 없습니다. 그렇기 때문에 말과 행동(쓰다듬기, 손잡기, 등 토닥거리기, 눈 맞추고 고개 끄덕거리기, 엄지손가락 치켜들기 등)으로 부모가 느끼는 기쁨과 자랑스러움을 적극적으로 표현해야 합니다.

다만 여기서 전제돼야 할 것은, 부모가 결과보다도 과제 수행 과정에 초점을 맞추어 아이의 작은 변화와 성장에 대해 진심으로 감사하고 칭찬하는 마음을 가져야 한다는 것입니다. 그래야 부모가 느끼는 기쁨과 자랑스러움이 아이에게 그대로 전달될 수 있습니다.

그런데 생각보다 쉽지 않습니다. 왜냐하면 우리 부모들도 자신을 칭찬하는 데 인색하고 익숙하지 않기 때문입니다. 그래서 먼저 해보겠습니다. 이 글을 읽고 있는 자신을 칭찬해 보는 거지요. "○○야, 너는 정말 좋은 사람(엄마/아빠)이야. 적어도 글을 읽고 이 시도를 하고 있잖아."라고요. 하루에 20초면 충분합니다. 아이에게 실천하기 전에 먼저 자신에게 적용해 보길 바랍니다.

엄마 아빠,
내가 원하는 것은

한번은 초등학교에서 '사교육 걱정 없는 학부모 모임' 프로그램 일환으로 몇몇 엄마들과 함께 교육에 참여해보았습니다. 세부 강연 제목은 '10년은 흔들리지 않을 내 아이 스타일 교육법, 자녀교육 자녀학습법 완전정복'이 었습니다. 약 300여 명의 엄마가 모여서 그런지 열기가 후끈 달아올랐습니다. 약 두 시간 가까이 진행한 강연의 요지는 엄마들이 학교 정보에 깨어 있어야 아이를 성공시킬 수 있다는 내용이었습니다.

처음 시작은 '기존 교육이나 사회의 틀에 박힌 사람'이 아니라 상상력과 전문성을 겸비한 팔방미인의 '르네상스형 인간'으로 키워내야 한다는 내용이었습니다. 그러나 그 목표를 위해서는 영재교육원에 보내는 것이 꼭 필요하다, 또 엄마가 초등학교부터 아이의 공부에 신경 쓰고, 어느 정도 성적을 올려 주어야 과학고나 외고 같은 특목고, 유명한 자사고에 보낼 수 있으며, 그 정도의 고등학교에 진학해야 좋은 대학까지 연결할 수 있으므로 아이의 성공과 출세는 모두 엄마가 어떻게 아이를 관리하고 필요한 정보를 입수하여 적용하는가에 달려있다고 엄마의 무한책임을 강조하였습니다.

사실 초반의 10여 분 정도의 강의를 듣고 아니다 싶었지만, 옆에서 반짝반짝한 눈빛으로 열심히 받아 적고 있는 일행을 보고 두 시간을 힘들게 버텼습니다. '그렇다면 아이가 좋은 대학에 못 가면 실패한 인생이 되고, 그 책임은 모두 엄마에게 있단 말이냐?'라는 질문이 계속 마음을 불편하게 했기 때문이었습니다.

요즘 엄마들 사이에서 자조적 섞인 말로 "아이가 공부에서 성공하려면 삼박자가 맞아야 한다. 할아버지의 경제력, 엄마의 정보력과 아빠의 무관심. 요즘 애들은 정말 부족한 것이 없이 크고 있고 심지어 공부까지도 엄마가 다해주고 있지 않은가."

그런데 말입니다. 아이들을 상담하다 보면 유독 많이, 자주 등장하는 단어가 있습니다. "나는 ○○이 없어요."입니다.

"쌤, 저는 꿈이 없어요. 저는 애인이 없어요. 저는 친구가 없어요. 저는 힘이 없어요. 저는 돈이 없어요, 저는 공부 머리가 없나봐요."

온통 없는 것들 투성이입니다. 그러면서 말합니다. "그런데 울 엄마는요, 모든 것을 다 해줬는데 네가 뭐가 부족하냐고 하세요. 대체 뭘 해줬다는 건지. 정작 내가 필요하다고 생각하는 건 (졸라) 잔소리하시면서 안 해주고요."

그렇다면 아이들이 정말 원하는 것이 엄마의 정보력일까요. 한 중학교에서 특별히 2학년 학생들을 대상으로 설문 조사를 했습니다. 가장 두려워하는 것은 무엇인지, 인생에서 가장 많은 영향을 끼치는 것은 무엇이라고 생각하는지, 자신의 행복에 가장 많은 영향을 주는 사람은 누구인지를 물어봤습니다. 어떤 대답이 나왔을까요?

아이들이 가장 두려워하는 것은 '부모를 실망시키는 것'이라고 합니다. 특히 공부를 잘 하지 않으면 부모가 자신을 멀리하고 사랑해주지 않을까 걱정한다고 했습니다. 그외에 인생에 가장 영향을 많이 끼치는 것으로 '사회'라고 대답했습니다. 아이들은 바보가 아닙니다. 나름대로 느끼고 있는 것이지요. 마지막 질문, 자신의 행복에 가장 많은 영향을 주는 사람은 대부분의 아이가 '엄마'라고 답했습니다. 엄마의 정보의 노예가 아닌 독립적인 사람으로 내 소신대로 살고 싶다고, 그러므로 자신에게 너무 집착하지 말고 제발 믿어달라는 메시지를 설문지 결과를 통해 이야기하는 것 같아 마음이 아팠습니다.

그러니 부모들, 특히 엄마들은 부담을 조금 내려놓아도 됩니다. 너무 완벽해지려고 애쓰지 않아도 됩니다. 그렇다면 엄마는 무엇을 해야 할까요? 아이들은 엄마를 돕고 싶어 합니다. 아이에게 틈을 보여 도와줄 수 있는 여지를 주고, 아이가 그 경험으로 가정에서 먼저 자신의 자리를 찾아갈 수 있도록 해주면 좋겠습니다. 칭찬을 많이 해주고, 엎드려서 절도 받으세요. "고맙지? 고맙다는 말을 듣고 싶어." 웃으면서 따뜻한 태도로 "아까 너무 심했어. 너무 미안하지? 사과해." 이 정도면 충분합니다.

너무 엄마의 이야기만 했나요? 마지막으로 설문에서 나왔던 '아버지께 하고 싶은 말'도 알려드릴게요.

"아빠, 제발 술 먹고 와서 잔소리 좀 하지 말아주세요. '네가 나에게 얼마나 중요하고 소중한지 알아?, 내가 얼마나 힘들게 널 위해 일하고 있는지 아냐고. 내가 너만 할 때는 말이야~.' 그럴 때 나는 이런 말을 해 드리고 싶어요. 제발 그냥 들어가서 주무세요. 저는 아버지와는 전혀 다른 시대를 살고 있다고요."

아버지들께서는 너무 서운하게 생각하거나 충격받지 마세요. 사실 우리도 이런 생각을 하면서 자라지 않았나요?

엄마 한 번만 기회를 더 주세요

"엄마, 한 번만 기회를 더 주세요."

언젠가 아들이 무엇인가 잘못해서 저를 화나게 하는 일이 있고 난 후 울면서 한 말입니다.

초등학교 1학년, 여덟 살 아들의 보물 1호는 닌텐도 3DS라는 게임기였습니다. 미국에 계신 외할머니가 생일선물로 사주신 것으로 엄청 소중하게 여겼지요. 일주일에 이틀 주말에만 2시간씩 할 수 있었습니다. 그러다 보니 토, 일요일에는 어디를 가든 꼭 가지고 가고 싶어 했습니다. 한 번은 분명히 집에 두고 가자고 했는데 자기가 잘 챙길 수 있다며 외출할 때 가지고 나왔습니다. 그리고 잃어버렸습니다. 겨우 다시 찾긴 했지만, 그 때문에 시간도 지체되고 여러 가지로 곤란했던 저는 화가 나서 아들에게 닌텐도 처분을 이야기했습니다.

그때, 엉엉 울던 아들이 큰 눈에서 눈물을 주룩주룩 흘리면서 제게 말했습니다.

"엄마 이제 정말 조심할게요. 이제 정말 조심하고 다시는 안 그럴 테니한 번만 기회를 주세요."(Give me a second chance.)

순간 저는 반성이 되었습니다. 저는 얼마나 많은 순간을 하나님과 부모님께 기회를 달라며 떼를 썼었는지, 그리고 얼마나 많은 용서를 받았는지, 실패하거나 실수한 후에 다시 시도할 기회들을 얻었는지를 기억해보았습니다. 저는 아들이 제게 다시 한번의 기회를 달라고 요구할 수 있는용기가 있다는 것이 무척이나 기뻤습니다. 앞으로도 그렇게 실수하더라도 자신의 기회를 찾아 나가는 적극적인 아이로 자라길 마음속으로 바랬습니다.

그런데 말입니다. 용서받는 것에 대한 좋은 기억이 생기자 이 녀석이다른 일을 시도하더라고요. 어린 딸래미가 제 지갑을 가지고 장난하다가동전을 사방으로 쏟고 세종대왕님을 아주 예쁘게(?) 가위로 오린 적이있었습니다. 얼굴이 굳어지고 딸에게 야단을 치려는 그 순간에 아들이 제게말했습니다.

"엄마, ○○를 용서해 주세요. 일부러 그런 게 아니라 놀다가 그런 거니깐 이제 혼나고 나면 다시는 안 그럴 거예요. 돈은 내가 제 지갑에서 꺼내서 엄마 줄게요, 네?"

순간 저는 깜짝 놀라 아들을 꼭 껴안고 말했습니다.

"용서해주고말고. 그런데 엄마는 이들의 이런 행동이 너무 기쁘고 대견하다. 다른 사람의 잘못을 대신 용서를 빌고 네가 조금이라도 책임을 지려고 하는 마음이 있다는 것이 엄마를 감동하게 하네. 이렇게 잘 커 줘서 고마워."

어린 딸도 곧 알게 될 것입니다. 오빠가 어린 자신에게 어떤 보호막, 우산이 되었는지, 그리고 자기도 다른 친구들에게 같은 행동을 하며 우정을 키우게 되겠지요. 더 나아가 다른 이들과 더불어 사는 세상을 생의 목적으로 삼고 꿈을 키워나가길 욕심 많은 엄마는 기대해봅니다.

여러분, 작은 행동에서부터 시작되는 큰일을 함께 시작해보지 않으시겠습니까?

실수할 기회, 용서를 빌 수 있는 용기, 용서받은 안도감, 새로운 일을 시작할 의지를 우리 아이들이 경험해 볼 수 있도록 하면 좋겠습니다. 덧붙여서 다른 이의 잘못에도 마음을 쓰고 같이 용서를 구하는 '연대'하는 사람으로 자라도록 응원하면 좋겠습니다. 이 놀라운 일이 부모의 통 큰 용서와 인내에서부터 시작됩니다.

엄마, 나도
여유와 한가함이 필요해요

한 해를 시작하면서 여러 가지 계획을 세우고 시간도 낭비하지 않고 잘
쓰겠노라 다짐하며 나름대로 일정표를 짰습니다. 아들과 함께 아이의 시
간표를 짤 때였습니다. 저는 아이가 새 학년이 되니 수학 문제집도 풀게
하고, 영어책과 학년 필독서도 좀 읽히면서 새 학년을 준비하도록 해야겠
다고 생각하고 있었습니다. 그런데 아들이 딱 잘라 이렇게 말하는 것이었
습니다.

"엄마, 너무해. 이건 할 게 너무 많잖아요. 선생님이 방학 때는 공부하지
말고 많이 놀라고 하셨는데 이렇게 하려면 차라리 빨리 개학하는 것이 더
낫겠어요."

저는 이렇게 대답하고 제 주장을 밀어붙였습니다.

"아들아, 이건 정말 양이 조금밖에 안 되는 거야. ○○와 ○○는 훨씬 많

은 시간을, 더 자주 공부한대. ○○는 벌써 이 문제집이 끝나간다고 하더라. 적어도 이 정도는 해놓고 새 학년에 올라가야 네가 어렵지 않게 공부할 수 있어."

결국 아들은 제가 짠 일정표대로 겨울방학을 마무리하였습니다. 그러나 주말에 함께한 피드백에서 불만을 쏟아냈습니다. 자기가 얼마나 스트레스를 받고 있는지, 지금 자기가 하고 싶은 것은 무엇인지, 앞으로는 어떻게 했으면 좋겠는지를 이야기하는 아들의 목소리를 들으면서 저는 반성이 많이 되었습니다. 조심한다고 했는데 또 실패하고 말았군요. 상담 선생님으로서 학부모에게 이야기하는 것과 엄마로서 아는 것을 실천하는 것은 정말 다릅니다.

부모들은 아이들을 힘들게 한 적이 없다고 말합니다.

그저 재미있게 배우며 즐기기를 원했다고 합니다. 아마도 사실일 겁니다. 하지만 요즘 교육에서 경쟁은 선별적 칭찬이란 방법으로, 평가는 꼼꼼한 지도라는 이름으로 행해집니다. 잘하는 아이에게는 선생님이 활짝 웃으며 칭찬을 하고, 조금 못하면 "그건 아니지, 잘 보렴." 하며 가르치지요. 많은 아이가 그것을 비난으로 느껴 힘들어합니다. 요즘 아이들은 인생을 이렇게 시작하고 있습니다. 요즘 우리 아이들, 해야 할 것이 너무 많습니다. 부모들은 일정표 짜느라 골머리를 앓지요. 그런데 가장 필요한 것은 주지 않습니다.

'여유와 한가함'.

그냥 하는 말이 아닙니다. 아이의 뇌는 절실히 원합니다. 행복을 위해
서는 물론, 더 잘하기 위해서도, 여유는 꼭 필요합니다. 아이들은 시간이
흘러가면서 좋아지는 부분이, 가르치면서 좋아지는 부분보다 많습니다.

"우리가 가르친 것 말고는 나아진 것이 없어요. 정말로 가르쳐서 좋아진 것 말
고는 안 보인다면 부모는 지나치게 가르치고 있는 것은 아닌지 살펴봐야 합니
다. 아이에게 빈 시간은 빈 시간이 아닙니다. 혼자서 배우는 시간입니다."

『하루 10분, 내 아이를 생각하다』 서천석 지음, p. 130, 비비북스

결과적으로 저는 이제 겨우 초등학생인 아들에게 너무도 많은 짐을 지
워 그 아이의 인생을 피곤하게 하였습니다. 모두가 아이를 위한다는 생각
으로요. 상담하면서 부모들한테 누누이 강조하는 부분이었는데 제 아이
에게는 보기 좋게 실패하고 말았습니다. 그래서 제가 좌절했냐고요? 물론
아닙니다. 아들에게 깨끗하게 잘못을 인정하고 사과했습니다. 그리고 다
시 바뀐 일정표를 짤 때는 좀 더 나은 기준을 정하기로 했지요.

그 기준은 아이 스스로 정한(저도 옆에서 깨알 조언을 하긴 했지만) 우선순위
였습니다. 아들은 자기는 몸이 건강한 것이 가장 중요하다고 하더군요.
그래서 잠자는 시간과 운동하는 시간을 먼저 정하고, 그다음에 놀이 시간
을 정하고 나서 남는 시간에서 공부하는 시간을 집어넣었습니다. 물론 방
과 후 수업같이 이미 정해져 있는 시간은 미리 빼고요. 결국 만들어진 일
정표는 저랑 방학 초에 만든 것과 크게 다르지 않았습니다만 아들은 나름
대로 만족하더군요. '엄마 때문에 스트레스 받는다.'는 말은 이제 안 하겠

다고 했습니다.

　여러분도 결심하고 다짐하지만 잘 안 되는 일이 있으실 거예요. 그럴 때 실패하더라도 포기하지 말자는 거지요. 다시 한번 생각하고 방법을 찾아서 도전하는 모습을 서로에게 보여주자는 의미로 저의 실패를 공개합니다.

흔들리는 꽃이 아름답다

흔들리며 피는 꽃

도종환

흔들리지 않고 피는 꽃이 어디 있으랴

이 세상 그 어떤 아름다운 꽃들도

다 흔들리며 피었나니

흔들리며 줄기를 곧게 세웠나니

흔들리지 않고 가는 사랑이 어디 있으랴

젖지 않고 피는 꽃이 어디 있으랴

세상 그 어떤 빛나는 꽃들도

다 젖으며 젖으며 피었나니

바람과 비에 젖으며 꽃잎 따뜻하게 피었나니

젖지 않고 가는 삶이 어디 있으랴

우리 아이들은 아직 피지 않은 꽃과 같습니다. 작은 씨앗이 잎을 틔우고 줄기를 말아 올려 아름다운 꽃으로 피어나기 위해서는 반드시 뜨거운 태양과 거센 비바람에 흔들리는 시련이 필요합니다. 시련을 인내하면서 향기롭고 아름다운 '나'라는 꽃을 피우게 됩니다. 모두 저마다 꿈을 찾기 위해, 꿈을 찾은 이들은 꿈을 실현하기 위해 고군분투 하지만 쉽지 않습니다. 그 과정에서 포기하고 싶은 마음이 들고 '실패'에 대한 두려움이 고개를 내밀기도 합니다.

언제인가 한 아이가 저와 상담 중에 눈물을 보였습니다. 키가 무척 큰 남학생이었어요. 자기는 잘하려고 하는데 자꾸 실패해서 속상하고 두렵다고 하더군요. 열심히 공부하는데도 오히려 성적이 떨어지고, 친구에게 잘해주려고 할수록 관계가 꼬인다고 말입니다. 엄마는 말이 안 통하고, 자기는 원래부터 재수 없게 태어난 것 같다며 깊은 좌절의 감정을 내보였습니다. 아주 안쓰러웠습니다. 그래서 저도 모르게 안아주며 저 위의 시를 귀에 속삭여 주었습니다. 그리고 이렇게 말해 주었습니다.

"네가 지금 겪고 있는 이 감정과 상황은 결코 잘못된 것이나 나쁜 것이 아니며 재수 없어서나 네가 부족해서 일어나는 것이 아니야. 네가 꿈꾸는 인생을 만들어가기 위해서는 반드시 시련과 역경을 겪어야 하고 그것을 통해 고통, 실패에 대한 두려움도 알아야 하며 그러한 요소들이 클수록 성공의 크기 또한 더욱 크단다. 그러니 너무 주눅이 들거나 의기소침할 필요는 없어."

　우리는 때때로 인생에서 고통스러운 순간을 마주할 때가 있습니다. 그런 시간을 마주하는 동안 이 세상에는 나 혼자만 존재하는 것 같은 절대 고독의 순간도 있을 수 있지요. 우리 아이들에게도 반드시 그런 순간이 옵니다. 아이에게 그런 순간일수록 포기하거나 달아나기보다는 온몸으로 부딪혀서 이겨내야만 한다고, 그런 시련과정을 이겨낼 때 '나'라는 나무가 크게 성장할 수 있다고 말해 준 적이 있으신가요? 여러분은 분명 있으실 거예요. 기억이 나지 않아서 그렇지. 아니라면 지금이라도 하루 한 번, 아니 일주일에 한 번이라도 자기성찰의 시간이 필요합니다.

　여러분께 이런 도전을 드리고 싶습니다. 자신의 삶에서 고통스러웠던 시련과 역경, 그리고 그것을 어떻게 극복했는지 기억해내고 정리해서 자신이 사랑하는 존재에게 말해보세요. 그 대상이 자녀면 더욱 좋겠지만 다른 관계, 즉 부모, 남편, 아내, 형제, 선배, 후배, 친구, 이웃 등에게도 상관없습니다. 이 도전을 시도하다보면 덤으로 알게 되는 것이 있습니다. 그동안 내가 맺어온 관계의 깊이가 어느 정도인지, 그런 깊은 내용을 진지하게 나눌 수 있는 사람이 주변에 있는지를 돌아볼 수 있게 됩니다.

　흔들리며 피는 꽃이 아름답고, 흔들리는 나침판 바늘이 방향을 알려주듯이 흔들리며 성장하는 우리 아이들의 인생은 분명 해피엔딩일 거라 믿고, 두 손 모아 기원해봅니다.

See me beautiful
(나를 아름답게 보아주세요..)

See Me Beautiful (나를 아름답게 보아주세요)

Look for the best in me (내 안에서 제일 좋은 것을 찾아봐 주세요)

That's what I really am (그게 진짜 나예요)

And all I want to be (또 내가 되고 싶은 전부이고요.)

It may take some time (시간이 좀 걸리겠죠,)

It may be hard to find (찾기 힘들지도 몰라요,)

But see me beautiful (그래도 나를 아름답게 보아주세요.)

See Me Beautiful (나를 아름답게 보아주세요)

Each and Everyday (매일 매일)

Could you take a chance (그렇게 해 줄 수 있나요?)

Could you find a way (방법을 찾아볼 수 있나요?)

To see me shining through

In everything I do (내가 하는 모든 일에서 새어나오는 찬란한 빛을 볼 수 있도록)

And see me beautiful (그렇게 나를 아름답게 보아주세요.)

노래 《See Me Beautiful》 by Kathy & Red Grammer

아이들과 상담하는 과정은 80프로가 듣기입니다. 그들의 마음과 몸과 생각의 느낌, 욕구, 부탁을 온몸으로 공감하며 듣는, 가장 중요하고 또 섬세한 과정입니다. 공감이란 자신을 비우고 그 아이가 느끼고 있는 것, 필요로 하는 것과 온전하게 함께 있는 것을 말합니다. 온전히 함께 있어 주려면 아이에 대해 우리가 품고 있을지 모르는 모든 선입견이나 판단을 의식에서 깨끗하게 떨쳐버리는 것, 진단이나 해석의 미로에서 헤매지 않는 것이 중요합니다. 앞에 있는 아이에게 귀 기울이는 척하면서 마음은 분석이라는 길로 빠지는 유혹을 이겨내는 것이지요. 그런데 이것이 쉽지가 않습니다.

상담의 또 다른 중요한 부분은 아이가 한 말을 내가 잘 들었는지 확인하는 일입니다. 아이가 무슨 말을 하려는지 모르면서도 그 아이의 의도를 정확하게 알고 있다는 확신을 가지고 상담을 진행하는 경우 100프로 공감을 실패하게 됩니다. 공감은 말하는 아이의 느낌과 욕구에 대해 내가 이해한 것을 들은 대로, 다시 말해서 내가 아이의 느낌과 욕구를 정확하게 이해했는지 확인하고 아이에게 내가 이해하고 있다는 것을 확인시켜주어야 합니다.

인간은 기본적으로 공감에 대한 아주 깊은 욕구를 가지고 있습니다. 자신의 말을 누군가가 판단하지 않으면서 진심으로 들어주고 있다는 것을 느끼고 싶어 합니다. 특히 아이들은 더 간절하게 그것을 갈구하지요. 하지난 내부분의 아이는 종종 지기의 느낌이나 욕구, 부탁을 명확하게 표현할만한 언어구사력이 부족합니다. 그래서 저는 상담할 때 아이에게 느낌표현 단어표를 참고해서 표현하라고 주고, 가능하면 아이의 느낌과 욕구를 추측해본 후에 제가 정확하게 짐작했는지 다시 확인해보는 일을 반복합니다.

공감하는 과정은 외국어를 모국어로 번역하는 과정과 비슷합니다. 번역의 목적은 원래의 메시지가 지닌 정확한 의미를 파악한 다음 좀 더 친숙한 말로 옮기는 것입니다. 마찬가지로 공감하는 목적은 표현하고 있는 메시지를 느낌과 욕구로 번역하는 것입니다.

한 번은 중학교 학생들을 대상으로 공감에 관한 이야기를 한 적이 있었는데 학생들에게 부모님이나 선생님, 반 친구들이 하는 말 중에서 비판으로 들리는 것들의 목록을 작성해보고 그 말들 뒤에 어떤 느낌과 욕구가 있는지 알아차려 보라고 했습니다.

숙제 언제 할 거야?

넌 몰라도 돼. 엄마가 알아서 할 테니 넌 공부나 해.

다 널 위해서 하는 말이야.

너 뭐 해 먹고 살래?

100점 받으면 사줄 게.

비난과 비판처럼 들리던 메시지에 담겼던 또 다른 의미들을 알게 되면서 아이들은 흥분했습니다.

"엄마는 진작에 이런 식으로 이야기해주면 좋았을 텐데요!"
"선생님이 이렇게 말해주시면 좀 더 말을 잘 들었을 텐데요!"
"바꿔서 생각해보니 친구가 더 가까워지는 것 같아요!"

개구쟁이 남학생들 입에서 이런 이야기가 나오면서 교실 분위기가 완전히 달라졌습니다. 우리는 좀 더 깊은 공감의 방법에 대해 진지하게 이야기하는 시간을 가질 수 있었고 그 시간이 끝난 후 저는 '수업 시간 내내 행복했었다.'는 수줍은 쪽지로 더 보람을 느낄 수 있었습니다.

솔직하게 말하고, 온전하게 듣고,
친절하게 들은 느낌과 욕구를 서로 확인하고,
원하는 것을 부드럽게 부탁하고,
진심으로 부탁을 들어주려고 노력하는 작업을 함께 시작해보면 좋겠습니다.

3

아이의
가치관

남 보기에 좋은 물건

학부모 상담을 할 때였습니다. 어떤 어머니께서 제게 이렇게 물어오셨습니다.

"어떻게 해야 아이가 학교도 잘 가고, 공부도 잘 하고, 운동도 좀 하고, 엄마 아빠 말도 잘 듣는 착한 아들이 될까요?"

얼굴이 잘 생기거나 예쁘고 신체 건강하고 공부 잘하고 말 잘듣는 아이는 오늘날 많은 엄마들의 이상형입니다. 당시 중학교 2학년이였던 그 아이는 사춘기를 아프게 깊이 겪고 있었습니다. 이때는 자기 마음대로 해보고 싶어 하는 시기인데, 엄마가 그것을 무시하고 '내 아이가 이랬으면 좋겠다.'는 울타리를 치고 그 안에서만 있으라고 하니 서로 힘들 수밖에요. 엄마의 이런 욕심이 아이를 숨 쉬지 못하게 묶어버리고 그것을 견디지 못해서 아이가 도망가는 것이었어요. 그 어머니는 아이를 믿어주지는 않고 기대치만 높은 상황이었습니다. 자기 아이의 부족한 점을 보면서 "이런 것을 고쳐주시고 이렇게 잘되게 해주세요."라고 말씀하셨으나 여기에는 대부분 우리 아이가 잘 안될 거라는 불신이 전제로 깔려있습니다.

　이런 경우에는 어떻게 하면 좋을까요?

　일단은 부모님이 가지고 있는 아이에 대한 생각을 기본부터 바꿔야 합니다. 그래서 매일 거울을 보며 "우리 ○○는 아무 문제가 없다. 다 잘될 거다. 감사한다."는 긍정의 말을 열 번씩 소리 내어 말하기로 약속했습니다. 처음에는 물론 잘 안 되었습니다. 거울 앞에 서면 '웃기네, 잘되긴 뭐가 잘되고 있어. 쟤 때문에 내가 늙지. 저 골칫덩어리 같으니라고.'라는 생각이 습관적으로 올라와서 울컥하는 마음이 진정되지 않았다고 하셨습니다. 하지만 크게 심호흡 한 번 하고 "우리 ○○은 문제가 없다."라는 말을 입 밖으로 내는 순간 가슴에서 뜨거운 눈물이 방울방울 올라오더니 급기야 홍수처럼 쏟아져서 한 시간이 넘도록 눈이 퉁퉁 불 정도로 우셨다고 합니다. 그리고 감사한 부분들이 생각나기 시작했다고 하셨습니다. '그래도 학교는 결석 안 하고 가잖아. 집에도 꼬박꼬박 들어오고, 게임도 시간 맞춰서 하려고 노력하고, 엄마 말에 짧게라도 대꾸해 주고, 자기 방 방문은 잠그지 않고.' 그런 시간을 갖고 나니 말도 안 하고 그날 저녁 늦게 들어온 아이가 사랑스러워 보이더랍니다.

　부모는 "내 아이는 이래야 해!"가 아니라 "그래, 우리 아이는 잘하고 있어."로 아이에 대해 긍정적으로 생각해야 하고 무조건 믿어주는 연습을 해야 합니다. 아이를 낳은 엄마가 못 믿는데 세상 어느 누가 그 아이를 믿어줄까요? 아니, 믿는다고 아이가 느낄까요? 만약 아이가 넘어졌다면 다시 일어나면 되니까 그것도 잘되고 있는 것이고, 혹시 실패했더라도 다시 시도해서 성공하면 되니까 그것도 잘되고 있는 중이라고 할 수 있겠습니다. 진정 자기 아이가 잘되길 바라는 엄마라면 어려운 일이 생겨도 믿어주고 "괜찮아, 너는 잘될 거야." "그래, 너는 잘하고 있어, 엄마는 널 믿어." 라고 말해줄 수 있어야 합니다.

다만 부모가 자식에게 용납하지 말고 잘못임을 지적해야 할 다섯 가지 예외가 있습니다.

첫째, 사람을 때리거나 죽이는 일
둘째, 남의 물건을 빼앗거나 훔치는 일
셋째, 이성을 사랑할 때 상대의 의사에 반해 강제적으로 사랑을 표현하는 일
넷째, 거짓말 하거나 욕하는 일
다섯째, 술을 취하도록 마시는 일

『엄마수업』법륜 글, p. 82, 휴

여러분의 아이가 행복하길 바라시나요?

그렇다면 겉으로 보이는 조건을 갖춰주려고 애쓰는 대신에 '아이에게 어떻게 마음의 안정을 줄까, 어떻게 사람답게 자라도록 도울까'를 고민하면 좋겠습니다. 내 아이를 남 보기에 좋은 물건처럼 취급하지 말고, 진정 행복한 사람으로 클 수 있도록 응원을 해야 할 때입니다.

약속을 못 지키면
우울해져요

아들이 초등학생일 때 일입니다. 아들은 한시도 가만히 있지 않는 개구쟁이고, 운동과 친구를 좋아하며 키도 또래보다 크고 몸무게도 평균보다 많이 나가고, 밥도 많이 먹었습니다. 배고프다는 말을 버릇처럼 입에 달고 살았지요. 대한민국의 신체 건강한 평범한 초등학생이었습니다. 학기 초 반장 선거 전날, 아들은 심각한 얼굴로 제게 물었습니다.

"엄마, 나 반장 선거 나갈까요?"
"글쎄, 네가 하고 싶은 대로 해. 엄마는 네가 어떻게 결정하든 존중해줄게."
"그럼 내가 임원이 되면 아이들한테 뭘 해줘야 할까요? 내가 왜 임원이 되고 싶은지 설명해줘야 하잖아요."
"흠, 그렇구나. 아들은 왜 임원이 되고 싶은데?"
"그냥 우리 반이 즐겁고 신나는 반이 되도록 돕고 싶어요. 신생님도 잘 도와드리고."
다음 날, 아이는 반 임원이 되어서 돌아왔습니다.

"아들아, 그래서 반 친구들에게 어떤 약속을 했니?"

"반이 즐겁고 신나는 반이 되도록 돕는 것, 그리고 혹시 다른 반 애들이 와서 괴롭히면 보호해 주겠다고 했어요."

"호오, 그래? 반의 수호천사 역할을 하겠다고?"

"네, 저랑 같이 임원이 된 애들이 다 여자애들이어서 남자인 저만 할 수 있는 일이라고 생각했어요. 다른 건 여자애들이 잘할 수 있으니까요."

"하하. 그래 축하해, 열심히 해 봐."

그리고 한 달이 지났습니다. 아들이 하루는 학교에서 오더니 깊은 한숨을 쉬었습니다.

"왜 그래? 학교에서 무슨 일 있었어?"

"아뇨, 그냥 좀 우울해서요."

"우울? 왜 그런 감정이 우리 아들한테 왔을까? 엄마한테 이야기해 봐."

"(휴우~) 엄마, 난 요즘 마음이 정말 힘들어요. 왜냐하면 내가 한 약속을 못 지키고 있거든요."

"그래? 누구한테 한, 어떤 약속을, 왜 못 지키는 거야?"

"요즘 선생님이 안 계실 때 반에서 떠드는 아이 이름을 칠판에 적는 일을 하고 있어요. 그런데 정말 하기 싫어요. 아이들한테 내가 임원이 되면 즐겁고 신나는 반을 만들어보겠다고 약속을 했는데, 내가 이름 적는 일을 하면서 즐겁고 신나는 게 아니라 짜증 나고 기분 나쁜 원흉이 되고 있어요. 난 약속을 못 지키는 친구가 되고 있어요."

풀이 잔뜩 죽어서 고개를 숙이는 아이에게 다가가 품에 꼭 안으며 저는 말했습니다.

"아들아, 엄마는 네가 너무 좋아. 누군가가 더 즐겁고 신나게 지낼 수 있도
록 돕는 사람이 되고자 하는 그 마음도 귀하고, 그렇게 입 밖으로 내어 약속
한 것을 지키는 일에 책임을 느끼는 진지함도 칭찬하고 싶고, 또 이런 감정
들을 이렇게 조리 있게 엄마한테 이야기해줘서 고맙구나. 우리 그럼 네가
약속한 것을 잘 해낼 방법을 함께 고민해보자."

여러 가지 아이디어와 마음가짐에 대한 의견이 나왔습니다. 털어놓고
나니 한결 가볍다는 얼굴을 하고 아이는 열심히 대화에 참여하였습니다.
아들의 고민과 노력은 아직도 현재진행형입니다. 다른 사람이 즐겁고 신
나게 살 수 있도록 섬기려는 목적으로, 자신만이 할 수 있는 일을 찾아 약
속하고, 그것을 지키려고 고민하고 노력하는 사람으로 우리 아이들이 성
장하길 바랍니다.

성장하고 싶은 열망

연말이 되면 연례행사로 치르는 의식이 있습니다. 그것은 먼 곳에 있는 사람들, 가까운 곳에 있는 사람들에게 손으로 쓴 크리스마스 카드를 보내는 것입니다. 직접 우표를 붙이고 우체국 직인이 찍힌 카드를 지인들에게 보내면서 나름 한해를 정리합니다.

크리스마스 한 달 전쯤, 여러 방법으로 메시지를 보냅니다. "손편지를 받고 싶은 지인들은 제게 업데이트된 주소를 우편번호와 함께 알려주십시오." 그럼 답이 오는 지인부터 올해의 카드 리스트를 작성하고 카드를 구입하여 보냅니다. 물론 뉴욕에 사는 식구들이나 존경하는 멘토 선생님들, 또 해외의 소재가 확실하고 나이 많으신 지인 분들은 자동으로 리스트에 들어갑니다. 매년 다르지만 약 80~120통 정도 쓰는 것 같은데 해외 주소지들이 대부분인 1차 발송은 대개 12월 초에 이루어집니다. 우편 업무가 분주한 연말에는 크리스마스 전에 받지 못하는 경우들이 생겨서 아무래도 일찍 보내는 편입니다.

어느 해인가 크리스마스 전날에, 아들이 제게 크리스마스 카드를 가져왔습니다. 연말 시즌만 되면 옆에 산더미처럼 쌓아 놓고 끙끙거리며 카드 쓰는 엄마를 봐온 아들, 지금까지는 대부분 상투적인 문장이었는데 이번에는 나름 내용에 신경 써서 꾸민 손편지를 가져왔습니다.

"엄마 아빠 사랑해요.
저도 이제 ○학년이 되어요. ○학년이 되면 더욱 의젓해질게요. 동생도 잘 챙길게요. 저는 더 업그레이드될게요."

또박또박 한 자 한 자 꾹꾹 눌러서 쓴 글씨, 공들인 카드 장식도 좋았는데, 오~ 제 눈에 번쩍 뜨이는 단어가 있었습니다.

바로 "업그레이드."
제가 미국에서 친정 가족과 함께 사는 것을 포기하면서 택한 남편이 왜 좋으냐고 엄마가 물었을 때 제가 대답했던 말이었습니다.

"엄마, 저 사람은요, 자신을 끊임없이 업그레이드하는 좋은 사람이에요. 어제보다 오늘이, 오늘보다 내일이 더 좋아지고 성장하길 간절히 바라고, 실제로 그렇게 업그레이드되는 사람이요."

그 말과 함께 저는 남편과 결혼 후 한국에 남았습니다. 그런데 이제 십대 청소년이 되는 아들이 제게 다짐을 합니다. 잘 크겠다고, 좀 더 의젓해지고, 자신을 업그레이드시키겠다고 말입니다. 침 묻혀 꾹꾹 눌러 쓴 글씨에서 진지힘이 묻어납니다. 문득 마음이 울컥하고 눈가가 촉촉해지며 따뜻한 기운이 전신으로 퍼집니다. 부전자전인가요, 역시 아들도 자신을 업그레이드하고 싶어 하는군요.

지금 잠깐만 눈을 감고 각자 사랑하는 사람을 생각하면서 성장하고 업그레이드하는 삶을 위해서 소원을 빌어볼까요?

진정한 성공이란
무엇인가?

자주 그리고 많이 웃는 것,

현명한 이에게 존경을 받고 아이들에게서 사랑을 받는 것,

정직한 비평가의 찬사를 듣고 친구의 배반을 참아내는 것,

아름다움을 식별할 줄 알며 다른 사람에게서 최선의 것을 발견하는 것,

건강한 아이를 낳든, 한 뙈기의 정원을 가꾸든, 사회 환경을 개선하든,

자기가 태어나기 전보다 세상을 조금이라도 살기 좋은 곳으로 만들어 놓고

떠나는 것

자신이 한때 이곳에 살았음으로 해서 단 한 사람의 인생이라도 행복해지는 것

이것이 진정한 성공이다.

랄프 왈도 에머슨

아들과 함께 성공이 무엇인가에 관해 이야기를 나눌 기회가 있었습니다. '성공'이란 단어 자체가 추상명사이고, 백이면 백 명 모두 다른 개념을 가질 수 있음을 알기에 아들의 생각이 더욱 궁금했습니다. 여러 가지

이야기가 오갔습니다.

　'성공은 실패의 아들?(실패는 성공의 어머니이므로ㅆ)' '성공은 돈을 많이 버
는 것' '내가 하는 일에 좋은 결과를 내는 것' '다른 사람들의 인정을 받는
삶' 등에 대한 이야기가 나왔습니다. 그러다가 성공이란 단어를 한자로
찾아보았습니다. 성공이란 이룰 성(成) 공덕 공(功), 즉 '공덕을 쌓는 것'입
니다. 모든 사람(共)에게 덕(德)이 되는 일을 많이 하는 것이 곧 성공의 참
의미였지요.

　아들은 진지한 얼굴로 고개를 끄덕이며 이렇게 말했습니다.

　　"엄마, 나는 성공하는 사람이 되고 싶어요. 무조건 돈 많이 버는 것이나 하
　　는 일에 좋은 결과를 내는 것보다 다른 사람에게 도움이 되는 일을 하는 사
　　람이 되는 것이 더 가치 있는 일이라고 생각해요."

　아들에게 앞서 적은 랄프 왈도 에머슨의 시를 찾아 읽어주었습니다. 진
정한 성공이란 '자기가 태어나기 전보다 세상을 조금이라도 살기 좋은 곳
으로 만들어 놓고 떠나는 것'이라고 우리 두 사람은 정했습니다. 앞으로
어떤 삶을 살아야 할지 계속 고민하겠지만 변하지 않을 가치가 하나 정해
진 것 같아 감사했습니다.

　가능하다면 아이들과 함께 '공동 의미 사전'을 만들어보는 것도 좋습니
다. 긍정의 단어(사랑, 우정, 믿음, 성공, 만족, 행복, 꿈, 재능, 희망 등)와 부정의 단어

(실패, 짜증, 분노, 미움, 불신, 두려움, 불안, 좌절, 비난 등), 그리고 연관성 있는 단어 묶음(판단과 인정, 비난과 비판, 포기와 좌절 등)을 가지고 구체적인 사례를 들어 함께 이야기합니다. 공통의 개념을 만드는 것이지요.

자녀가 사춘기에 들어서면 소통이 점점 어려워지지만 미리 공통의 개념들을 정리해 놓는다면 조금 더 수월하게 지나갈 수 있을 거라 생각합니다. 분명 만만한 작업은 아니지만 그렇다고 불가능하지도 않습니다. 혼자는 너무 어렵게 느껴진다면 『아름다운 가치 사전』(채인선, 한울림어린이)이라는 책을 참조하여 시도해보고 상황에 맞게 적용하면 좋겠습니다. 여러분을 응원합니다.

성공의 마시멜로와
행복의 마시멜로

한 때 스탠퍼드 대학에서 실시한 '마시멜로 실험'이 우리 사회에 큰 반향을 일으킨 적이 있었습니다. 그 내용은 다음과 같습니다.

선생님이 4살짜리 아이들에게 마시멜로 사탕이 한 개 들어있는 접시와 두 개 들어있는 접시를 보여 주고 지금 먹으면 한 개를 먹을 수 있지만 선생님이 돌아올 때까지 먹지 않고 기다리면 두 개를 주겠노라고 합니다. 그리고는 마시멜로가 하나 들어있는 그릇을 아이 앞에 남겨놓고 방에서 나갑니다. 아이들의 선택은 선생님이 나가자마자 먹어버리거나, 참다 참다 중간에 먹어버리거나, 끝까지 참고 기다리거나 중 하나이지요.

스탠퍼드 대학의 심리학자 미셸(W. Mischel)박사는 1966년에 만났던 653명의 네 살배기 꼬마들을 15년 후 십 대가 된 다음에 다시 만났고, 1981년 그 유명한 마시멜로 연구 결과를 발표했습니다. 마시멜로를 먹지 않고 오래 참은 아이일수록 가정이나 학교에서의 삶 전반에서 참지 못한 아이들보다 훨씬 우수했고, 대학입학시험(SAT)에서는 또래에 비해 뛰어난 성취도를 보였다는 것입니다. 심지어 부모의 평가도 훌륭했습니다(십대의 아이를 키워본 부모는 자기 자식이지만 십 대 아이를 칭찬하기가 얼마나 어려운지 익히 알고 계신 분들도 있을 것입니다.). 이후의 추적 연구는 인내하지 못한 꼬마들이 비만, 약물중독, 사회부적응 등 문제를 가진 성인으로 살고 있는데 반해 인내력을 발휘한 꼬마들은 성공한 중년의 삶을 살고 있음을 보고했습니다. 유사 연구들에 따르면 마시멜로 효과는 너무나 강력해서 지능지수보다도 더 예측력이 우수했고, 인종이나 민족에 따른 차이도 없었습니다.

지금 하는 일이 매우 재미있지만 딱 그 일을 그만 둘 수 있는 힘, 현재 하는 일이 너무너무 지루하지만 그것을 계속할 수 있는 힘, 기다릴 수 있는 힘, 참는 힘, 자기 통제력, 절제력, 만족 지연력(delay of gratification)이 바로 이 실험의 핵심 키워드입니다. 마시멜로 실험 결과는 어릴 때의 만족 지연력이 어른이 되었을 때의 삶의 질을 결정함을 이야기해주었습니다.

그 후 수많은 가정에서 유사 마시멜로 시험이 이루어졌습니다. 그리고 많은 부모는 실망했지요. 내 아이가 마시멜로 앞에서 너무나도 쉽게 무너진다는 것입니다. 해야 할 공부는 시작한 지 5분도 안 되서 재미없다고 냅다 그만두고, 몇 시간 째 게임만 하고 있고, 스마트폰을 손에서 내려놓지 못하는 아이 등 그런 아이를 지켜보는 부모의 불안감은 더 커졌습니다. '성공은커녕 실패만 하는 패배자가 되지는 않을까.' 하고 말입니다.

상담하던 한 중학생이 제게 물었습니다. "선생님, 그 마시멜로를 꼭 기다렸다 먹어야만 성공할 수 있는 것일까요? 저는 먹고 싶다면 당장 먹고 다른 방법을 찾아보는 것이 더 낫다는 생각이 들거든요." 저는 그 아이의 의견에 동의한다고 했습니다. 어른들은 성공을 위해 마시멜로를 아껴두라 하지만 열네 살 아이에게는 열네 살 아이의 인생이 있으며 열네 살이 꼭 멋진 서른네 살을 살기 위해 준비하고 참고 견디기만 하는 시간은 아니라고 했습니다. 열네 살의 시간을 잘 살아냈을 때 열여섯 살을, 스무 살을 제대로 살았을 때 비로소 멋진 서른네 살을 살 수 있는 것이 아닐까?라고 되물었습니다. 그리고 곧 학생과 저는 어떤 합의점에 도달했습니다. 남들이 말하는 성공의 마시멜로를 먹고 안 먹고가 중요한 것이 아니라 '지금 이 순간을 얼마나 충실하고 행복하게 사는가.'가 더 중요하다는 것을 말입니다.

거기까지 생각이 미치자 아이의 자세는 달라졌습니다. 조금 더 진지하게 자기 삶을 바라보는 것이 느껴졌고, 자신의 의지를 가지고 공부하려고 노력하는 것이 보였습니다. 학생은 행복의 마시멜로를 선택한 것입니다.

세상에 문제 없는 사람은 없습니다. 중요한 것은 자신이 가진 문제를 세상을 향해 어떻게 풀어내는 가의 차이는 분명 존재합니다. 그 능력은 어디서 나올까요? 바로 '신뢰'와 '공감'에서 나옵니다. 아이가 어떤 선택을 하든 그 결정을 신뢰하고 공감해주는 것이 바로 좋은 부모가 가장 신경써서 해야 할 행동입니다. 그러면 여기에서 한가지 의문이 생깁니다. 아이가 하는 '모든' 행동을 다 이해하고 용납해주어야 하나요?

그렇지는 않습니다. 다만 부모가 자신을 신뢰하고 있다고 생각하면 아이들의 선택도 신중하고 책임감 있게 진행되는 것이 관찰되었습니다. 서로를 공감하는 관계 형성이 필요합니다.

신뢰를 쌓는 방법

마시멜로 이야기를 정리해보려고 합니다. 우리가 '성공의 마시멜로'에만 집착하여 '행복의 마시멜로'를 놓치고 있는 것은 아닌지, 세상에 문제없는 사람은 없는데 그 문제를 풀어내는 방법에 따라 달라지는 삶의 실타래를 제대로 꿰기 위해 어떤 능력을 갖춰야 하며 그 능력은 어디서 오는지에 대해 생각해봅니다.

마시멜로를 앞에 놓고 절제력을 보인 아이가 인생의 절반에서 성공한 삶을 산다는 것을 스탠퍼드 대학 첫 번째 마시멜로 실험이 보여주었고, 마시멜로 뚜껑을 덮거나 재미있는 생각을 하는 것만으로도 절제력이 두 배 이상 증가한다는 것을 스탠퍼드 대학 두 번째 마시멜로 실험이 보여주었습니다. 그리고 아이에게 약속을 지키어 신뢰 환경을 경험하게 하는 것이 아이의 절제력을 기르는데 얼마나 효과적인 요인(절제력이 무려 네 배 이상)인지를 록펠러 대학의 세 번째 마시멜로 실험이 보여주었지요. 즉, 인내력, 절제력, 통제력이 있는 아이 뒤에는 인내력, 절제력, 통제력을 발휘

할 수 있도록 환경을 만들어준 이른이 있다는 것입니다.

이렇듯 마시멜로 실험은 전 세계적으로 큰 반향을 일으켰습니다. 그때 발표한 마시멜로는 성공을 지향점으로 한 것이었지요. 삶은 그리 단순하지만은 않았기에 사람들은 의문을 품기 시작했습니다. 성공만이 인생의 목적인가? 그렇다면 성공을 어떻게 정의할 것인가? 성공 말고 다른 마시멜로가 존재하는가? 분명 존재한다면 무엇이 성공과 동등한 급으로 사람들의 인생에 깊이 영향을 미치는가?와 같은 질문에서 나온 답 중 하나가 바로 '행복'입니다. 성공의 마시멜로와 행복의 마시멜로, 이 두 가지 욕망의 사이에서 어떻게 균형을 맞출 것인가가 고민의 초점이 되었습니다.

모든 사람은 제각각의 삶의 추를 가슴에 달고 있습니다. 추의 무게도 사람마다 제각각이지요. 나이가 어리다 하여 나이가 많은 이들보다 반드시 가벼운 삶의 무게를 지닌 것이 아니며 성별로서 그 경중을 구분할 수도 없습니다. 다만 가슴에 달고 있는 인생의 무게를 어찌 감당해내는가는 사람마다 분명 차이가 존재합니다. 그 능력은 어디서 나올까요? 바로 '신뢰'와 '공감'에서 나온다고 생각합니다. 부모가 아이에게 반드시 해 주어야 할 기본적인 행동은 바로 아이에게 신뢰할 만한 사람이 되는 것과 공감해주는 눈높이 소통입니다.

소아 정신과 의사인 서천석님은 자신의 책『서천석의 마음 읽는 시간』(서천석, 김영사)에서 신뢰에 대해 이렇게 말했습니다.

"사랑하는 사이를 잘 지켜가기 위해 가장 중요한 것이 무엇일까요? 상대를 아끼고 배려하는 마음도 중요하고, 함께하는 시간을 재밌게 즐기는 능력도 중요할 것입니다. 그런데 그 무엇보다 사람들이 중요하게 생각하는 것은 바로 신뢰입니다. 흔히들 신뢰야 말로 사랑의 기초라고도 하지요."

그렇다면, 신뢰는 어떻게 쌓을까요?

완벽한 부모란 없습니다. 마찬가지로 완벽한 아이도 없지요. 다소 부족하더라도 서로가 자신의 약점을 솔직하게 인정하고 수정하려고 노력하는 모습에서 신뢰 관계가 시작됩니다.

첫 번째, 소통하기. 의사소통은 설득이 아닌 공감입니다. 경청하는 자세가 먼저 되어야겠지요. 가식 없이, 공통 관심사를 찾아 대화를 시도하는 것이 좋습니다.

두 번째, 자극하기. 긍정적인 동기부여로 의무감보다는 자긍심을 가지고 자신의 일을 볼 수 있도록 돕고 부모 스스로가 아이의 역할 모델이 되면 좋겠습니다. 또한 권한 위임의 힘을 적절히 활용할 수 있어야 합니다. 아이 의견을 존중하고 능력과 역량을 신뢰하는 것을 말이 아닌 행동으로 보여주어 아이가 스스로 성장할 기회를 갖게 하는 방법입니다.

세 번째, 동행하기. 오래전 『엄마 매니저』(조남호, 2009, 글로세움)라는 진로 관련 책이 베스트셀러에 오른 적이 있었습니다. 자식을 성공시키기 위해서는 엄마가 아이의 공부 스케줄은 물론이고 꿈과 비전에 대한 무한 책임을 져야 한다는 내용이었는데 저는 개인적으로 문제가 많다고 생각했습니다. 부모는 아이의 매니저가 아니라 코치가 되어야 합니다. 아이와 깊이 대화하여 살 듣고 질문하고 피드백헤서 어디까지나 성장을 위한 조언자 역할을 맡아야 합니다. 강요와 정죄, 비난은 아무런 도움이 되지 않기 때문입니다.

네 번째, 전환하기. 부모가 먼저 마음을 정해야 합니다. 성공과 행복의 균형을 이렇게 잡을 것인가, 끊임없이 성찰하고 인생의 목적과 방향을 계속 확인하며, 문제 해결의 과정을 통해 더욱더 업그레이드(전환)하는 모습을 아이들과 함께 나누는 것입니다.

위 네 가지의 신뢰 쌓는 방법은 쉽지 않습니다. 구체적이지도 않아서 개인마다 적용하려면 고민을 해야 할 것입니다. 여러분께 질문드리고 싶습니다. 꼭 부모와 자식 간 뿐 아니라 대부분의 인간관계에서 신뢰를 쌓기 위해 '소통〉자극〉동행〉전환'을 여러분은 어떤 식으로 하시는지요? 아래 부모의 자식에 대한 신뢰에 대한 서천석님의 글 일부분을 소개할까 합니다.

"부모는 믿을 것이 없어도 아이를 일단 믿는 사람, 과수원지기가 나무를 보며 이 자리에 꽃이 필 거라고 믿으며 쳐다보면 신기하게도 그 자리에 정말 꽃이 핀다는 것을 아시나요? 그런 믿음으로 아이를 보는 사람입니다."

Year Plan 이야기

새해 첫날, 가족이 모두 식탁 앞에 모였습니다. 식사하려고 앉은 것은 아니었습니다. 손에 종이 한 장, 그리고 연필과 지우개를 들고 진지한 표정으로 모였습니다. 우리는 다가오는 새해를 어떻게 보낼 것인가에 대한 Year Plan을 짜기 위해 모인 것이었습니다. Year Plan이란 A4용지 1장에 8개의 칸을 나누고 7개의 제목에 맞는 내용을 채우는 형식으로 되어있는 표로 매우 구체적이고 실천 가능한 목록을 만들어야 하므로 가족 모두 진지하고 골똘히 생각하는 표정을 짓고 있었습니다.

첫 칸의 제목은 나의 다짐입니다. '20XX년에 나는 이런 사람이 되고 싶다.' 이번 한 해 동안 어떤 사람이 되고 싶은지, 생활을 어떻게 할 것인지를 생각하여 이미지를 그려보고 그중에 몇 가지를 선택하여 쓰는 것입니다. 건강과 가치관, 종교 생활과 자기 일에 대한 이야기를 쓰면 됩니다.

두 번째 칸은 하고 싶은 일을 쓰는 곳입니다. 무엇을 하고 싶은가? 어떤 일을 하는 사람이 되고 싶은가? 라는 질문을 생각해서 답해야만 알차게 적을 수 있습니다.

세 번째 칸은 갖고 싶은 것을 쓰는 칸입니다. 평소에 가지고 싶었던 물건을 적는데 실현 가능한 것 60%, 좀 어려울 것 같은 것 40%의 비율이면 적당합니다.

네 번째는 배우고 싶은 것입니다. 하고 싶은 일과 조금 성격이 다른 질문이죠. 다른 사람의 도움을 받아야 하고 대게 비용이 있는 작업이기 때문에 정말 알고 싶은 분야의 일을 적어야 합니다.

다섯 번째 칸에는 가고 싶은 곳을 적습니다. 자기가 정말 가고 싶은 구체적인 장소를 써넣는 곳인데 가까운 곳도 좋지만, 눈을 들고 시야를 세계로 넓혀서 적는 것도 좋습니다.

여섯 번째 칸은 만나고 싶은 사람을 적는 칸입니다. 평소 만나고 싶었던 친구, 지인이나 여러 가지 매체를 통해 알게 된 직간접적인 관계를 맺고 싶은 인물을 물리적, 심리적 거리와 상관없이 적어보면 좋습니다.

일곱 번째 칸은 이웃과 나누고 싶은 것을 적습니다. 우리는 사실 너무도 많은 것을 가지고, 누리고 있는 사람들입니다. 조금만 더 관심의 눈을 넓히고 자신이 나눌 수 있는 것과 그 대상을 생각해보고 적으면 됩니다.

마지막 칸은 기타 쓰고 싶은 것이나 이미지를 붙여도 좋습니다.

Year Plan이 완성되면 그것을 액자에 넣어 잘 보이는 곳에 걸어둡니다. 이렇게 Year Plan을 짜는 목적은 한 가지입니다. 생의 목적을 가진 사람으로 살기 위해서 입니다. 지금의 나를 어제보다 성장시키고 업그레이드 하여 마음에 품은 인생의 비전과 미션을 이루는 내일의 나를 만들기 위한 작은 시작이라고 할 수 있습니다. 사람은 망각의 동물이라고 합니다. 오늘 밤에 아주 훌륭하고 좋은 목적을 생각해내고, 꼭 이루고 싶다고 마음에 굳게 다짐한다고 해도 내일 아침에는 까맣게 잊어버리는 존재입니다. 사람은 게으르다고 하지요. 머리에서 손으로 가는 과정, 생각을 구체적인 행동까지 연결시키기가 얼마나 길고 험한 길인지요. 그래서 Year Plan이 필요한 것입니다.

저는 칸을 채워가면서 제 꿈과 가치관, 인생의 목적에 대해서 많은 것을 생각할 수 있었습니다. 이러저러한 생각들이 과연 실천 가능한 것인지, 만약 그렇다면 얼마나 걸릴 것인지에 대해 식별할 수 있는 좋은 연습이 되었습니다. 잘 보이는 곳에 걸어두니 가끔 눈에 띄면 그 앞에 가서 그 내용을 읽어보고 자신도 모르게 지금까지의 삶을 점검하는 시간을 갖게 되고 자꾸 생각하게 됩니다. 그것을 이룰 기회가 생길 때 금방 알아보게 되고 결과적으로 성취도 많아졌습니다.

우리 가족은 내년 첫날에 또 한 번 식탁에 모일 것입니다. 겉모습을 예쁘게 꾸미는 것과 친구들 간의 우정에 관심이 쏠려있는 초등학생 딸내미는 그와 관련한 소원을 쓰고, 이제 중학생이 되는 아들은 태풍과 같은 사춘기 첫 일 년 동안 얼마나 성장했는지 돌아볼 기회가 되겠지요. 저희 부부는 한해를 점검하고 달성할 수 있었던 일에 대한 느낌과 그렇지 못했던 일에 대한 원인에 대해 피드백할 것입니다. 새해는 각자 어떻게 살 것인가에 대해 진지한 대화를 할 수 있을 것이라 기대합니다.

나 자신과의 밀당 즐기기

 Year Plan을 학부모 모임에 소개한 후 여러 가지 피드백이 나왔습니다. '연초에 열심히 진지하게 만들어 벽에 붙여놓긴 했는데 시간이 갈수록 외면(?)하게 되고 멀리 돌아가게 되더라.' '연말이 되자 표에 쓴 것은 채워야 할 것 같은 부담감이 너무 느껴져서 마음이 불편하더라.' 등의 투정도 있었지만 대부분은 무심코 그냥 칸을 채웠는데 우연한 기회에 그 일을 할 기회를 만난 것이 신기했고, Year Plan을 가까이 놓고 자꾸 보다 보니 없던 기회를 스스로 만드는 자신을 보고 놀랐다든지, 올해는 좀 더 진지하게 중장기적인 계획들도 Year Plan에 넣어보고 싶다는 고무적인 의견이 많았습니다.

 Year Plan은 지금의 나를 어제보다 성장시켜서 마음에 품은 인생의 비전을 이루는 간단하지만 매우 효과적인 방법입니다. 오늘 밤에 아주 훌륭하고 좋은 목적을 생각해내고 꼭 이루겠다고 다짐하지만 내일 아침에는 까맣게 잊어버리거나 쉽게 포기합니다. 머리로는 잘 알고 있어도 손으로 행동하는 것은 어렵기 때문에 이 Year Plan이 필요합니다.

설사 연초 Year Plan에 썼던 일 중에서 아직 이루지 못한 일이 있나요? 괜찮습니다. 새로운 표에 다시 적으면 됩니다. 그러면서 다시 한번 생각해보는 겁니다. 내가 이게 정말 필요한 것인가? 원하던 것인가? 하고 싶은 것인가? 아니면 다른 방법으로 수정하면 됩니다. 조금의 밀당(밀고 당김)은 자신에게도 좋은 습관입니다. Year Plan은 지난 날(과거)을 점검하고 달성할 수 있었던 일에 대한 느낌과 그렇지 못했던 일에 대한 원인에 대해 피드백하고 앞으로(미래)는 어떻게 살 것인가에 대해 진지한 대화를 할 멍석으로 아주 괜찮은 도구입니다.

스스로에게 칭찬과 상을 주고, 격려와 다짐을 해보세요. 밀당을 즐기는 과정에서 매력과 센스 넘치는 자신을 발견하게 될지도 모릅니다.

나를 소개하기

아이들에게 여름방학이 다가오면, 특별히 진학하고 싶은 상위 학교가 있는 마지막 학년의 학생들(초6, 중3, 고3)이 자기소개서 (일명 자소서)를 쓰는 시즌이 됩니다. 많은 아이가 혹은 그의 부모들이 자기소개서에 뭘 써야 할지 모르겠다며 그동안 쌓아 온 스펙을 옆에 놓고 끙끙대다가 전문으로 첨삭해주는 학원이나 아예 대신 써 주는 사이트를 기웃거리기도 합니다. 학교는 그런 자기소개서를 가려내려고 특별한 컴퓨터 프로그램을 도입했습니다. 한 문장에 반 이상 같은 단어가 반복, 중복되면 주목해서 보라는 경고가 뜨는 프로그램이랍니다. 이토록 자신을 소개하는 일, 특히 글로써 자신을 알리는 일은 쉬운 일은 아니지만, 우리 인생에 꼭 필요한 과정입니다.

특목고 진학을 희망하는 한 학생이 제게 자기소개서를 어떻게 쓰면 좋을지 도움을 요청해왔습니다. 그 학생과 함께 자기소개서를 쓸 때 필요한 몇 가지 시사점을 정리해볼 수 있었습니다.

첫째, 자기소개서를 쓰기 어려운 이유는 욕심 때문입니다. 욕심을 부리면 횡설수설하게 되고 글이 지저분해집니다. 내가 그동안 스펙이라고 쌓았던 여러 활동을 모두 나열하는 것은 좋은 방법이 아닙니다. 그런 활동들은 내 안에 자연스럽게 녹아서 일단 입학한 후에 빛을 발하는 것입니다.

둘째, 전하고자 하는 메시지에 초점을 맞춰야 합니다. 자기소개서의 목적은 나는 이런 생각을 하고 있고, 이렇게 성장하고 있으며, 앞으로 어떻게 살기 원하는지를 보여주고 그것을 위한 과정과 도구로 해당 학교의 교육을 받고 싶다는 것입니다. 그 외의 것은 모두 사족이고 욕심이므로 과감하게 빼는 것이 맞습니다.

셋째, 글을 읽는 대상을 염두에 두고 써야 합니다. 자기소개서를 읽는 선생님이 그 내용을 어떻게 받아들일지를 항상 생각하며 그 입장을 배려하여 써야 합니다.

대부분의 사람이 '무엇을 쓰느냐'보다는 '어떻게 쓰느냐'를 고민합니다. 어떻게 하면 멋있게, 있어 보이게 명문으로 쓸 것인가를 놓고 고민하는 것입니다. 글의 감동은 기교에서 나오지 않습니다. 명문이 따로 있는 것도 아니고, 쓰고 싶은 내용에 진심을 담아 쓰면 됩니다. 어렵다고요? 네, 어렵습니다. 그래서 독서가 필요하고 책을 읽은 후에 읽은 시간만큼의 사유하는 시간이 필요합니다. 그렇게 사유한 것을 글로 옮겨서 기록하는 습관이 중요합니다. 그 습관이 익숙한 친구는 자신이 좋아하고 관심 있고 잘 할 수 있는 분야가 어디며, 그 분야의 어떤 부분이 흥미로운지에 대해 주저하지 않고 잘 쓸 수 있습니다. 진정한 자기소개서의 기본이지요.

부모들은 무엇을 도와줘야 할까요?

첫째, 아이에게 시간을 줘야 합니다. 학교 교과에 도움이 되는 책만 읽으라고 강요하는 것이 아니라 자신이 흥미 있는 분야의 책을 자주 접하고, 정리하고, 생각할 기회를 허용해야 한다는 말이지요. 그래야 자신에 대해 좀 더 알 수 있을 테니까요.

둘째, 더욱 길게 보고 입시를 지원해야 합니다. '이번에 실패하면 네 인생은 끝이야. 가서 재활용이나 모아와' 이런 식의 이야기를 들은 아이의 마음은 어떨까요? 엄마는 홧김에 그냥 한 말이라지만 그 한마디가 너무도 큰 상처가 되어 깊은 우울증에 빠졌던 학생 사례도 있습니다. 인생은 사다리가 아니라 정글짐이라는 사실을 잊지 말아야 합니다.

셋째, 부모가 진지하게 꿈을 꾸고 이뤄나가는 모습을 실제로 아이에게 보여줘야 합니다. 롤 모델은 멀리 있지 않습니다. 바로 여러분 안에 있습니다. 서툴거나 실패한 모습도 괜찮습니다. 오히려 아이에게는 용기를 주는 큰 도움이 될 수도 있습니다. 그 후에 어려움을 헤쳐나가는 과정을 보여주는 것이 더 중요합니다. 작게는 요리가 될 수도 있고, 책을 완독하는 것, 운전면허나 원하는 자격증을 따는 것이 될 수도 있습니다.

좋은 자기소개서를 쓰는 아이의 배경에는 반드시 좋은 부모가 있습니다. 아이가 자기소개서 쓰기를 힘들어하나요? 부모 자신의 모습을 돌아보는 기회입니다. 아이 키우기 참 힘들지요? 혹자는 말했습니다. '부모가 아이를 어른으로 키우는 것이 아니다. 아이를 키우면서 부모가 어른이 되어간다.'고 말입니다.

4

아이와의
의사소통

엄마 내가 좋아,
아빠가 좋아?

몇 해 전, 저녁 식사 중에 아들과 딸이 말놀이를 시작했습니다. 예를 들면 오빠가 먼저 "내가 좋아, 겨울왕국이 좋아?"라고 물음을 던지면 동생이 그것을 받아서 대답합니다. "오빠~!" 그러면 둘이 하이파이브를 하면서 동시에 "좋아~!"라고 외치는 조금은 단순하고 이상한, 하지만 나름 즐겁고 뜨거운 게임이었습니다. 다양한 단어가 나왔죠. 책, 학교, 유치원, 친구, 자전거, 카레밥, 김치찌개, 포도, 모기, 거미, 토마토 등등. 옆에서 재미있게 그 모습을 지켜보던 제게 아들이 갑자기 질문했습니다.

"엄마는 내가 좋아, 아빠가 좋아?"

그리고 제가 질문을 듣고 미처 대답하기 전에 아들은 스스로 그 답을 내어놓았습니다.

"물론 아빠지? 벌써 알고 있었어."

너무도 확신에 찬 아들의 태도에 순간 의아해진 저는 "응? 정말? 엄마가 아빠를 제일 좋아하는 건 어떻게 알았어?"라고 물었습니다. 그러자 아들은 큰 눈을 반짝거리며 이렇게 말하더군요.

"어떻게 알긴요, 엄마랑 아빠는 부부잖아요. 부부니까 당연한 거지. 안 그래요?"

"하하하 그래 맞아, 정답입니다~ 아들 대단하네."하고 칭찬을 하고 나서 다시 눈을 감는데 갑자기 가슴 깊은 곳이 찌르르 울립니다. 울컥하고 뜨거운 감정이 훅 올라오더니 눈가가 촉촉해졌습니다.

아이가 벌써 알고 있네요. '부부'란 단어의 의미를. 이 세상에서 누구보다도 서로를 좋아하고 사랑하며 아끼는 존재라는 것을. 서로를 바라보는 것에 그치지 않고, 같은 곳을 함께 바라보고 서로 의지하며 삶의 배를 저어가는 존재임을.

그날 이후로 저는 다시 한번 제 삶을 다른 각도에서 바라보게 되었습니다. 제가 맺고 있는 다양한 관계들을 보며 아들은 또 다른 관계의 정의를 스스로 내려가고 있을 테니까요. 가족과의 관계를 넘어서 친구, 선생님, 이웃, 경비아저씨, 택배아저씨, 도서관 사서 선생님, 자전거가게아저씨, 분식집 주인아줌마, 수영 코치 등등. 앞으로 기회가 되면 그 게임을 다시 한번 해보려고 해요. 그리고 슬쩍 질문을 던져볼까 합니다. 그 다양하고 입체적인 관계를 어떻게 받아들이고 해석하고 있는지, 더 풍성하고 흥미롭고 긍정적인 대화 주제가 될 것 같아 기대가 많이 됩니다.

양육, 아이를 키운다는 것은 100프로 내 생각대로 되지 않기에 힘들기도 하지만 어떤 면에서는 굉장히 흥미롭고 기대되는 설렘을 유발하는 기적과도 같은 일이라고 느낍니다. 생각지도 못한 곳에서 반짝이는 보석을 발견하는 희열이 곳곳에 숨어있습니다.

아래에 소개하는 아버지는 이 땅의 아버지들이 꼽은 자기가 어렸을 때 가장 갖고 싶었던 아버지랍니다. 어떻게 생각하시나요. 여러분은 어느 자리에 더 가까이 계신가요.

첫째, 자녀와 시간을 보내는 아버지

둘째, 자녀에 대한 지식이 있는 아버지

셋째, 일관성 있는 아버지

넷째, 위기상황에서 분별력이 있고 가정에 수입을 제공한 아버지

다섯째, 아내를 사랑하는 아버지

여섯째, 주의를 기울여 경청하는 아버지

와, 씨바 졸라 아파!

날씨가 갑자기 추워지고 일교차가 10℃ 이상 나는 늦가을이 되면 몸도 마음도 조금씩 위축된 느낌이 듭니다. 며칠 전, 이런 마음을 조금이라도 보듬기 위해 이웃 엄마들을 집에 초대했습니다. 함께 부침개도 부쳐 먹고, 수다 떨면서 커피를 마시니 비로소 마음이 따뜻해지고 여유가 생겨 웃음소리가 높아졌습니다. 엄마들이 모이면 늘 화제로 올라오는 이야기가 바로 아이들에 대한 것입니다. 한 엄마가 이제 중학년 2학년이 되는 자기 아들을 도저히 이해하지 못하겠다며 어떻게 해야 하는지 제게 방법을 물어왔습니다.

그 엄마는 집에 있는 아이를 볼 때마다 가슴이 답답하다고 했습니다. 엄마가 무슨 말만 하면 신경질부터 내고, 엄마는 왜 알지도 못하면서 간섭이냐고 난리 치고, 자기가 다 알아서 하니까 걱정하지 말랍니다. 자기 속옷조차 제대로 치우지 못하는 녀석이. 그러면서 친구는 어찌나 끔찍하게 여기는지 집에서는 한마디도 하지 않는 아이가 온종일 누구랑 무슨 이야기를 그렇게 하는지 휴대폰에서 손을 떼지 않는다고 했습니다. 밥을 먹을 때도, 엄마랑 이야기할 때도 휴대폰에서는 쉴 새 없이 '까똑, 까똑', 누구인지, 무슨 이야기인지 묻기라도 하면 제발 자기를 가만히 내버려 두라고 쌍심지를 켜고 대들고, 아주 밖으로 내쫓고 싶은데 그것도 안 될 말이고, 이래저래 속이 터져서 우울증이 생길 판이라고 했습니다. 깊은 한숨으로 이야기를 마치는 그 엄마에게 저는 이런 이야기를 해 주었습니다.

늦은 오후, 치킨 배달을 마치고 돌아오던 청년이 오토바이를 주차하려고 유턴하다가 그만 바닥에 미끄러지고 말았다. 청년은 아스팔트로 튕겨 나가 굴러서 피투성이가 되고 말았다. 다리 한쪽이 바닥에 완전히 쓸린 청년은 피투성이가 된 채로 바닥에 누워 고래고래 소리를 질렀다. "아이, 씨바, 졸라 아파, 아이, 씨바, 졸라 아파." 그러자 그 소리를 듣고 치킨 가게 옆 보쌈집에서 배달하는 청년이 달려나왔다. 소리를 지르는 친구에게 달려왔으니 당연히 부축해서 병원에 데려갈 거라 생각했다. 그런데 이 청년은 친구의 상처를 보면서 이렇게 소리 질렀다. "와, 씨바, 졸라 아프겠다." 생각과 말을 뛰어넘는 흠결 없는 소통이었다. 그것은 공감이었다. 다른 누구도 끼어들 여지가 없이 서로의 슬픔과 상처에 대해 완벽하게 공감하는 언어였다.

『우리가 잘못 산 게 아니었어』 엄기호, 웅진 지식하우스

저는 예전에 가끔 등하교하는 중고등 학생들과 함께 버스를 타거나 떡볶이를 먹으러 분식집에 가서 볼 때 도무지 아이들의 언어를 견딜 수가 없어 이맛살을 찌푸리곤 하였습니다. '은/는/이/가/을/를/다' 같은 말을

빼고 나면 남는 건 '졸라'와 '씨바'였기 때문입니다. 그런데 책에서 위의 글을 읽은 후 아이들의 언어를 다시 보고 듣고 생각하게 되었습니다. 그냥 아무 뜻 없이 습관적으로 내뱉는 욕에 불과하다고 생각했던 '씨바'와 '졸라'가 아이들에게는 공감의 신호였다는 것, 아이들이 말을 하지 않는 것이 아니라 말을 하고 있음에도 다만 우리가 못 알아듣고 있었다는 것을 알게 되었습니다.

부모들은 대부분 자신과 아이들이 공감의 방식이 다르다는 것을 알지 못합니다. 우리 성인들은 뜻을 가지고 공감하는 사람들입니다. 뜻이 같아야 공감합니다. '공감'이라는 말을 쓸 때도 말을 하는 사람의 처지를 이해한다기 보다는 대부분 말뜻을 이해한다는 의미로 씁니다. 하지만 아이들이 쓰는 '씨바'와 '졸라'는 뜻을 통한 공감이 아닙니다. 감정의 강도에 대한 공감입니다. 내가 얼마나 아프고, 얼마나 재수 없고, 얼마나 화가 났는지 '씨바'와 '졸라'를 통해 드러내는 것이죠. 아이들에게 공감은 의미의 문제가 아니라 강도의 문제인 것을 부모들은 늘 놓쳐버립니다. 그러니 대화가 안 될 수밖에요. 누가 말을 해도 공감해주지 않는 사람과 계속 이야기를 하고 싶을까요?

이 이야기를 들으면서 같이 있던 엄마들은 정말 숨넘어가게 웃었습니다. 눈물까지 흘리면서 한참을 웃은 엄마들은 서로의 얼굴을 보며 고개를 끄덕였습니다. 그 표정과 행동은 그야말로 아이들의 '씨바'와 '졸라'에 버금가는 숭고한 공감이었습니다. 고민을 털어놓았던 엄마에 대한 감정의 강도에 대한 공감. 이런 이유로 아이들이 그렇게 친구를 찾는구나 싶기도

했다고 후에 그 엄마는 말했습니다.

우리는 더 지혜로워지고, 더 용기를 가져야겠습니다.

아이들을 더 기다려주고, 더 공감해줘야 하겠습니다.

부모와 아이들 모두가 행복해지기 위해서.

그러기 위해 우리가 먼저 서로 공감하도록 마음을 열어볼까요?

부모들도 서로에게 버프(위로와 격려)가 필요합니다.

멈추고, 숨 쉬고,
생각하고, 반응하기

이제 막 사춘기에 들어선 아들이 요즘 들어 기분이 나빠지면 바로 욱하고 화를 심하게 내는 일이 부쩍 잦아졌습니다. 몸이 안 좋은가, 뭔가 스트레스받는 일이 있는가, 화를 내는 까닭이 무엇인지, 그런 것이 습관이 되어가는가 싶어 걱정되었습니다. 적당한 시간에 아들을 따로 불러서 대화하던 중에 또 화를 내는 상황이 벌어지게 되었습니다. 그 순간 저는 아들의 팔을 잡고 말했습니다.

"아들, 잠깐만, 잠깐 멈추고, 숨 한 번 쉬고, 다시 생각해보고, 행동하자. 자, 멈추고, 숨 쉬고, 생각하고, 반응하자."

순간 아들의 표정은 당황스러워 보였지만 제 의도를 이해하고는 금세 따라 했습니다. 시간이 좀 지난 후 좀 어떠냐고 물어보자, 아들은 약간 겸연쩍은 표정으로 화가 가라앉았다고 하더군요. 우리 모자는 손을 붙잡고 이 방법을 대화 습관으로 들여 보자고 다짐했습니다. 물론 분노 조절은 쉽게 이루어지는 습관은 아니지만 노력해보기로 했습니다.

시간이야말로 우리를 현명하게 합니다. 조금만 지나서 생각하면 '아, 그 래야 했는데.'하고 깨닫습니다. 1분을 참으면 감정을 가라앉힐 수 있습니다. 1시간을 참으면 더 나은 방법을 생각할 수 있습니다. 하루를 참으면 다른 차원에서 문제를 볼 수 있습니다.

비단 아이의 문제가 아닙니다. 우리 자신에게도 항상 기억하고 적용하면 좋을 습관입니다. 남을 위해선 못 참습니다. 자기를 위해서만 겨우 참을 수 있습니다. 그런데 흥미로운 점은 자기 자신을 좋아하는 사람은 잘 참는다는 것입니다. 자기를 싫어하는 사람은 참을 힘이 나오지 않습니다. 겁이 나서 화를 억누를 수는 있겠지요. 하지만 오래 가기 어려워 어디론가 폭발하고 맙니다. 화를 참는 것은 자기와 자기 주변 관계를 소중히 여기는 일입니다. 참는 힘은 중요합니다. 자기 조절은 우리에게 시간을 선물합니다. 그리고 그 시간은 우리에게 지혜를 줍니다.

아이가 분노를 화로 토해낼 때 같이 화염을 내뿜고 계시지는 않은지요. 오히려 더 센 강도로 아이의 분노를 눌러 잠재우고 계시지는 않은가요. 아이는 그 순간에는 수그러드는지 몰라도 아이의 마음에 또 다른 원한을 만듭니다. 마음에 원한이 생기면 아이의 무의식은 엄마에게 상처를 주려고 움직입니다. 결국 부모는 더 힘들어질 뿐입니다.

공감하시는 분이 계신다면 이제 아이와 함께, 아니면 남편, 아내와 함께 노력해보면 어떨까요?

멈추고, 숨 쉬고, 생각하고, 반응하기.

두려울 땐 안아주세요!

'부모가 아이를 어른으로 키우는 게 아니라 아이를 키우면서 부모가 어른이 되어간다.'는 글을 어느 책에서 읽고 고개를 크게 끄덕이며 동감했습니다. 부모가 되기 전에는 미처 알지 못하고 깨닫지 못하던 일들을 전혀 새로운 관점에서 볼 수 있게 되고, 더 많은 것을 복합적으로 이해할 수 있었기 때문입니다.

둘째 아이가 여섯 살 때 손가락 수술을 해서 많은 것을 제가 함께 해주어야 했습니다. 저는 아이가 수술하고 2주간 매우 바쁜 시간을 보냈습니다. 실제로 시간이 부족했다기보다는 마음이 바빴다고 해야 맞겠습니다. 밥 먹는 것부터 화장실에 가는 일까지 손을 쓸 수 없으니 스물네 시간 꼭 붙어 지내야 했습니다. 2주의 시간은 서로의 새로운(?) 면을 발견해가는 기회가 되었습니다. 아마 딸 아이는 항상 조용하고 다정하던 엄마가 목소리 크고 무서운 도깨비 얼굴을 할 때도 있다는 것, 같이 있을 때 항상 자신하고만 놀아주지 않는다는 것, 떼를 쓴다고 다 되는 것은 아니라는 것을 알게 되었을 것입니다. 저는 항상 명랑하고 활동적인 아이라고만 생각했던 딸이 조용하고 혼자 놀기도 잘하고 가만히 앉아서 책도 잘 읽는 아이라는 것을 알게 되었습니다. 또 한 가지, 딸이 두려움을 표현하는 방식을 알게 되었습니다.

손가락 수술 자체는 대단한 것이 아니지만 어린아이가 겪어야 할 수술 과정은 큰 수술과 똑같았기에(전신마취, 기도삽관 등) 염려가 많이 되었습니다. 수술이 끝난 후에도 아이가 많이 아파하면 어쩌나 걱정했지만, 다시 회복하려면 그 정도 고통은 필연적으로 견뎌야 한다고 여겼기 때문에 마음을 굳게 먹고 있었습니다. 그런데 웬걸, 아이가 아프다는 말을 하지 않는 겁니다. 오히려 더 기운차게 뛰고, 행동을 과하게 합니다. 처음에는 약 기운인가 싶었고 나중에는 실제로 수술이 너무 간단하고, 또 잘 돼서 통증이 없는 건가 생각했지만 밤이 되자 그 이유를 알게 되었습니다.

밤이 되고 잠이 들자 아이는 흐느끼기 시작했습니다. 딸의 의지가 미치지 않는 그 시간에 작은 목소리로 흐느끼며 "아파, 아파요."라고 잠꼬대를 하는 것이었습니다. 저는 그때 알게 되었습니다. 아이가 병원과 의사가 무서워 참을만한 통증은 그냥 안 아픈 척했다는 사실을요. 그러다가 정말 견딜 수 없을 정도로 힘들어지면 누가 감당하기 힘들 정도로 격하게 그 고통을 호소하고 화를 내는 것을. 그리고 그땐 이미(안 겪어도 되는) 모든 고통을 생으로 다 겪은 후라는 것을 말입니다.

뜬 눈으로 밤새 아이를 지켜보고 아침이 되어 딸이 깨어나자 저는 딸을 꼭 안고 이렇게 속삭여 주었습니다.

"공주님, 아플 땐 아프다고 말하고 맘껏 울어도 괜찮아요. 우리 공주가 무서워하는 곳에는 꼭 필요할 때만 우리 공주한테 다 설명하고 갈게. 혼자 불안해하지 말고, 무서워하지 말고 아프면 아프다고 엄마에게 말해주세요."

그러자 딸이 씨익 웃으면서 이렇게 말하더군요.

"아, 그러면 되겠구나."

아이들은 그들만의 방법으로 두려움을 표현합니다. 부모가 그것을 받아주고 아이를 지지해주지 않으면 그 두려움은 넘기 어려운 높은 벽처럼 느끼고 아이들은 많이 힘들어합니다. 아이를 찬찬히 지켜보세요. 그 시기만의 어려움과 두려움을 겪고 있는 것이 보일 겁니다. 그때 망설이지 마시고 아이를 안아주세요. 그리고 속삭이세요. "○○야, 괜찮아. 혼자 불안해하거나 힘들어하지 말고 엄마에게 말해줘. 사랑해."라고.

다 마음먹기 나름이야

"인생사 다 마음먹기 나름이야."

어떤 중학생 친구 하나가 아버지에게 가장 듣기 싫은 말이라며 제게 하소연을 합니다. 열심히 공부하려고 마음을 다지고 노력하다가도 이 말만 들으면 그런 마음이 싹 가시고 자신이 바보같이 느껴져서 우울해진답니다. 그래서 저는 그 학생의 아버지께 긴 편지를 썼습니다.

"○○ 아버님, ○○가 아버님이 자주 쓰시는 '마음먹기'라는 말로 많이 힘들어합니다. 아시겠지만 그 말은 스스로 마음을 다지면서 하는 말이지 다른 사람에게서 듣는다고 효과가 있지 않습니다. 마음은 식은 죽이 아니기에 누구도 그렇게 쉽게 먹을 수는 없습니다. 마음이 쉬 먹어지지 않아서 우리 어른들도 많이 힘들어하지 않나요? 그 말 대신 아이에게 "사랑한다, 믿는다, 멋있다(예쁘다)"라고 바꿔 말해보세요. 그리고 눈을 들어 아이의 눈을 바라보고 조용히 기다리는 겁니다. 마음이 힘든 사람은 단정하는 말보다 들어주는 귀를 원하거든요."

　많은 부모가 묻습니다.

　"이 말, 저 말, 다 안 된다고 하면 도대체 아이에게 어떻게 말할까요?"
부모님의 답답한 마음은 이해합니다. 그러나 꼭 맞는 말이 생각나지 않
으면 하지 않는 것이 좋습니다. 연극에서 침묵의 시간이나 그림의 여백
은 오히려 더 많은 의미를 담고 있기도 합니다. 경청하는 부모의 모습이
아이에게는 힘이 됩니다. 아이의 이야기를 잘 들어야 합니다. 듣지 않으
면 아이의 마음에서 조금씩 멀어집니다. 공감하며 듣는 순간 보이지 않는
애정의 끈이 살며시 나와서 부모와 아이 사이에 매듭을 짓습니다. 아이가
커서 멀리 떠나도 그 줄은 끊어지지 않습니다. 부모와 아이를 끈끈하게
연결해주지요.

　말은 그 내용보다 누가 어떻게 하는지에 따라 다른 결과를 가져옵니
다. 신뢰가 있을 때 말이 효과가 있습니다. 부모들은 자신이 하는 말의 필
요성이나 옳고 그름을 봅니다. 그러나 정작 중요한 것은 아이와의 관계와
대화 방식입니다. 옳고 필요한 이야기라도 아이는 그 말을 하는 사람을
믿고 좋아해야 따릅니다. 그렇기 때문에 아이가 부모를 신뢰할 수 있도록
해야 합니다. 그렇지 않다면 부모가 가지고 있는 삶의 가치와 태도를 가
르치기 쉽지 않습니다. 많은 부모가 좋은 부모가 되기가 너무 힘들다고
호소합니다. 아이들이 생각하는 좋은 부모는 자신의 한계를 인정하는 사
람입니다. 자신과 마찬가지로 아이도 약점이 있고, 약점을 변화시키는 데

시간이 걸린다는 것을 아는 부모입니다. 자신과 아이를 너그럽게 인정하면서 어제보다 더 나아지려 꾸준히 노력하는 부모가 바로 우리 아이들이 만나고 싶은 그런 좋은 부모입니다.

이 글을 쓰면서 저부터 깊은 반성을 했습니다. 제게 맡겨진 두 보물, 아들과 딸에게 좀 더 자주 사랑한다고, 믿는다고, 멋지고 예쁘다고 이야기하며 꼬옥 안아주겠다고 다짐해봅니다. 좋은 부모가 되기 위해.

아빠, 답답하고 힘들 때
불러보는 이름

가까이 있으면서도 한없이 멀게 느껴지는 관계가 있습니다. 그 누군가를 한 번 기억해 보려고 합니다. 작가 신현림의 『아빠에게 말을 걸다』(신현림, 2013, MY)를 읽고 간추려봅니다.

아빠. 답답하고 힘들 때 조그맣게 불러보는 이름.
마음 저편에서 따뜻함과 든든함, 안정감과 그리움이라는 여러 가지 색채를 가진 빛이 점점 밝게 비춘다.

"아무리 급속도로 바뀌는 세상이라도 여전히 그리운 건 그립고, 중요한 건 중요하다. 상식과 원칙이 무너지는 이 시대에 아버지의 자리를 되짚어보고, 우리가 잃어버리거나 되찾아야 할 것은 무엇일까. 서로를 위해 살고 죽을 때까지 사랑하며 산다는 것이 무얼까. 이 책으로 저마다 자신의 죽음, 육체적 한계를 성찰하고, 보다 가치 있는 생에 대한 고뇌를 나눌 기회가 되면 좋겠다. 그리하여 사람이 얼마나 커지게 되는가도 느낄 기회가 되면 기쁘겠다. 이 속에서 더없이 강하고 더

없이 깊은 사랑을 자신의 가슴속에서 캐낼 수 있기를 바란다."

이 세상은 돈이 없어 절망하는 게 아니라, 모래알처럼 부서지는 인간관계, 조금도 손해 보지 않으려는 이기심, 연민과 배려 없음, 고독감 등에 절망하고 죽어간다. 나와 당신의 아버지는 어떤지 안부를 묻고 싶다. 아버지와 대화하는 시간이 필요하다. 직장에서는 생존 경쟁에, 가정에서는 존재 상실감에 시달리는 가장들은 '가장'이라는 이름 뒤로 그들만의 애환과 고뇌를 숨기고 있다. 그 가려진 마음을 위로할 자리를 반드시 마련해야 한다. 우리는 좋은 일만큼이나 힘든 일이 생길 때에도 가까운 누군가에게 속마음을 털어놓고 싶어 한다. 속마음을 털어놓을 때 꼭 상대가 해결해주기를 바라는 것은 아니다. '나 이렇게 힘들어. 그냥 들어만 줘', '어깨를 좀 빌려줘', '내 손을 잡아줘' 그저 그런 단순한 심정이다. 들어주고, 얼마나 힘드냐고 조용히 손잡아주고, 바라봐주기만 해도 상대방이 느끼는 삶의 무게는 한결 가벼워진다. 아빠가 속마음을 털어놓으실 수 있을 만큼 우리는 아빠와 친구가 되어야 한다. 그 이상 가는 아빠의 힐링은 없을 것이다.

사랑은 뭘까? 사랑은 시간을 내는 것이다. 아버지를 사랑하는 것은 내 아버지에게 무언가를 해 드리기 위해 시간을 내는 것이다. 따스한 손길과 부드러운 눈빛이면 된다. 그렇게 자신을 세상에서 내어준 아버지에게 고마워하면 된다. 부모님과 자식들이 서로 교감하려는 노력은 이 시대에 절실하다. 그냥 보고 싶어서 왔어요.'란 말보다 더 사람의 마음을 따뜻하게 하는 말이 또 있을까. 아무 욕심 없는 순수한 말. 우리가 점차 잊어가고 있는 향기로운 말. 감동은 의외로 삭고 일상적인 것에서 피어난다. 그 감동을 주는 말과 움직임이 아빠를 다시 살게 만든다. 인간의 영혼은 끊임없이 성장하고자 하는 열정 속에서 더 빛난다. '끊임없이 배우는 데 젊고 늙음은 없다'는 아이스킬로스의 말이 떠오른다. 아버지께 힘을 줄 수 있는 시를 읊어드리고 싶다. (……)

어떻게 하면 멋지게 나이 드시도록 아버지를 도울 수 있을까. 우리는 죽음을 준비하는 삶이 참으로 잘 사는 것임을 자주 잊는다. 진정 가족 사랑의 시작은 자기 몸 관리를 잘해 식구들에게 걱정 끼치지 않는 것이다. 건강에 신경 쓰면 죽음에 대한 생각도 달라진다. 죽음 준비는 삶을 더욱 가치 있게 살겠다는 약속이다.

이 책을 읽을 때 처음에는 휴지 한 장을, 나중에는 수건 하나를 옆에 놓고 계속 흘러내리는 눈물을 닦으면서 읽었습니다. 이 책 안에 뭔가 특별히 슬픈 이야기나 감정들이 들어있는 것은 아닙니다. 다만 아버지, 아빠라는 존재에 대해 가슴이 아리도록 측은지심을 가지고 바라보는 딸, 아내의 눈길이 있었기 때문입니다. 그러면서 어릴 적 기억 조각들이 송골송골 올라와 제 추억 나무에 매달리고 아빠에 대한 소중한 추억 한 장을 기억하게 해 주었습니다.

저는 눈을 들어 전화기를 찾았지요. 손을 움직여 미국 뉴욕에 계시는 부모님 댁으로 전화를 걸었습니다.

(따르릉~)

"여보세요~?"

아, 아버지 목소리입니다. 낮은 목소리, 조용하지만 안정감이 느껴지는 바로 그 목소리가 반가워 가슴이 울컥합니다.

"아부지, 저예요. 서울의 큰 딸이요."

"오, 잘 지냈니? 엄마 바꿔줄까? 기다려 봐."

"아녀요, 아부지, 오늘은 그냥 아부지 목소리 들으려고 전화 한 거예요."

"어? 그래? 혹시 무슨 일 있니?"

"다 큰 딸이 아부지 목소리 듣고프다 는데 뭐 이유가 필요한가? 그냥 듣고 싶고 아부지랑 말하고 싶은 거죠."

"후후후. 그래, 오랜만에 우리 둘이 이야기하자."

한층 더 밝은 톤으로 아버지와 딸은 이야기를 시작했습니다. 장장 80여 분의 긴 통화를 하고 전화를 끊었습니다. 신현림 작가의 말이 맞네요. 우리네 아버지들은 원래 말이 없으셨던 것이 아니라 말을 건네주지 않아서 못하셨던 거예요.

신현림 작가의 『아빠에게 말을 걸다』.

아버지와 사이가 좋은 자녀들, 한 번 읽어보시길 바랍니다. 나에게 아버지가 어떤 분이신지 다시 한번 생각하고 감사하는 마음을 실천할 기회를 얻기 위해. 그리고 아버지와 사이가 좋지 않은 자녀들, 꼭 한 번 읽어보시길 추천합니다. 기다려주지 않는 부모님, 아빠가 떠난 뒤에 회한과 죄책감 눈물로 방황하기 전에 읽어보길 바랍니다.

철부지 큰딸과 국제 전화만 80분을 할 수 있는 수다쟁이 우리 아버지를 저는 사랑합니다.

새 학기를 맞이하는
부모에게 드리는 '세 가지 말'

2월 초면 대부분 학교에서 겨울방학이 끝나고 개학을 합니다. 그리고 아이들도 지난 1년의 공부를 정리하고 새 학년을 맞이할 준비를 하게 됩니다. 새 학년을 맞이하는 부모에게 드리는 '세 가지 말'입니다.

하나. 새 학년 첫날, 학교에서 돌아온 아이에게 "어떤 선생님이야? 괜찮아? 애들 분위기는 어때?"라고 묻지 마세요. 빨리 단정 짓는 아이로 키우고 싶은 건 아니겠지요? 대신 이런 말은 어떨까요? "첫날이라 어색했니? 힘든 것은 없었어? 엄마도 뭐든 처음은 쉽지 않은데."

둘. "작년같이 생각하면 안 돼. 올해부터는 어려워진다고." 아이가 마음을 다잡으라고 일부러 긴장을 시키곤 합니다. 그러나 아이들은 대개 긴장을 하면 대응력이 떨어지고 회피가 늘어납니다. 오히려 좋은 점을 더 이야기해 주세요. "좀 더 어려워졌니? 넌 그 정도는 할 수 있게 이미 컸단다." 아이의 성장을 존중하며 함께 기뻐해 주세요.

셋. "○○는 어디까지 진도 나갔다던데…" 다른 아이를 보지 마세요. 다른 부모의 말은 듣지도 마세요. 심지어 자기 아이도 보지 마세요. 차라리 자신을 보세요. 자신이 어떤 부모가 되고 싶은지, 올해에는 무엇을 발전시킬지를 생각하세요. 그럼 분명히 좋은 부모가 될 거예요.

부끄럽게도 저는 이번에 위와 같은 실수를 저질렀습니다. 선입견과 편견은 나쁜 것이라고 가르치면서도 그런 시각을 갖도록 부추기고, 지레짐작으로 판단하거나 행동하지 말라고 가르치면서 공부를 따라가지 못할 상황을 가정해서 부정적인 영향을 주는 말을 내뱉기도 했습니다. 비교하지 마라. 너는 존재 자체로 귀한 사람이라고 말하면서 '네 친구 ○○는 어디까지 공부했다더라.'는 조바심을 표정이나 분위기로 표현하고 말입니다.

좋은 부모가 되는 것은 정말 어렵습니다. 뭐든 잘하기 위해서는 공부하고 익혀야 하듯 자녀 키우는 일도 역시 공부가 필요하고 관심과 사랑, 그리고 기다려주는 끈기가 필요합니다. 부모로서의 자신을 계속 돌아보고 성찰하는 것이 얼마나 중요한지를 다시 한번 생각하고 다짐하게 합니다.

오늘은 선생님께
어떤 질문을 했니?

"○○야, 오늘은 선생님께 어떤 질문을 했니?" 유대인 어머니가 자신의 아이들이 학교에서 돌아오면 가장 먼저 하는 질문입니다. 자녀가 비록 머리가 뛰어나다고 생각하지 않아도 공부에 흥미를 잃지 않도록 끊임없이 자극을 주는 것이지요.

유대인이었던 제 중학교 친구는 수업 시간만 되면 항상 질문하고, 질문하지 못한 날은 굉장히 난감해하곤 했습니다. 제가 이유를 물었더니 어머니가 학교에서 돌아오면 매일 오늘은 선생님께 어떤 질문을 했냐고 물으신다는 것이었습니다. 그래서 궁금한 게 없는 날에도 일부러 질문을 만들어내어 선생님께 여쭤보는 경우도 많다고 했습니다. 그때에는 '아 그렇구나, 참 안됐다.'라는 생각을 하고 그냥 넘어갔지만 시간이 지나고 제가 아이를 키우는 엄마의 입장이 되고 보니 '참 지혜로운 어머니셨구나.' 감탄이 나오며 그런 어머니 밑에서 양육을 받은 친구가 부럽게 느껴졌습니다.

존경받는 랍비이자 『탈무드』의 저자 마빈 토케이어는 한 인터뷰에서

"유대인들이 자녀교육에서 제일 강조하는 덕목은 바로 '질문'입니다. 자녀에게 '답을 얻으려면 스스로 생각해야만 하는' 질문을 던짐으로써 지능을 계발시킵니다. 또한 아이들에게 질문하는 것을 격려하는 부모 밑에서 자란 아이들은 질문을 두려워하지 않기 때문에 지식을 얻어가는 과정을 재미있게 느낍니다. 수업을 잘 듣는 것도 중요하지만 궁금한 것을 묻고 토론하는 것이 더 중요합니다. 실제로 유대인학교에서는 좋은 질문을 하는 학생이 그 학급의 리더가 됩니다. 평생에 걸쳐 이런 질문교육이 이뤄지면서 다른 민족은 따라올 수 없는 유대인들만의 탁월한 교육이 완성됐다고 봅니다."라고 말했습니다.

사실 교육이라면 우리나라도 지지 않습니다. 교육열로 보면 오히려 더 뜨겁다고도 볼 수 있지요. 대부분 부모가 자신의 생활을 희생하고, 무리해서라도 자녀를 좋은 학교, 학원에 보내려고 이사까지 하며 애를 쓰지요. 그런데 교육성취도를 놓고 보면 유대인들이 압도적으로 뛰어납니다. 모두 잘 아시는 노벨상 수상자 중 유대인의 비율도 그렇고, 미국 아이비리그 학생의 1/4, 미국 억만장자의 40%가 유대인입니다. 반면 한국 학생들은 고등학교 때까지 세계적으로 상위권을 유지하다가도 대학만 가면 학습 경쟁력이 곤두박질하고, 미국 명문대에 입학한 한국인 학생들 가운데 44%가 중도 탈락합니다.

무엇이 그런 차이를 내는 것일까요? 우리는 어떻게 해야 할까요?

지금까지 뒷바라지하는 것도 쉽지 않았는데 무엇을 어떻게 더 하라는 거지? 라는 생각을 하는 분들이 계실지도 모르겠습니다. '더' 하라는 것이 아니라 '다르게' 하라는 것입니다. '많이' 시키는 것이 아니라 '제대로' 시키라는 것이지요. 인성을 담당하는 가정교육과 지성을 담당하는 학교교육이 긴밀하게 협력하는 진짜 '전인교육'을 실천해야 합니다.

유대인 교육의 비밀은 어찌 보면 평범합니다. 다 아는 이야기 같고요. 하지만 실천으로 들어가면 결코 쉽지 않다는 것도 알게 됩니다. 이제 그 '평범한 비밀'을 우리 아이들에게 하나씩 적용해야 합니다. 우리의 작은 실천이 아이들의 삶과 미래를 바꿀 것입니다.

공부하다 따분하면
일어서도 좋아

처음 학생을 만나 상담을 시작할 때 저는 세 가지 원칙을 학생과 서로합의 하에 세우고 같이 사인하여 공부 파일 맨 앞장에 넣어둡니다. 그 원칙에 자주 등장하는 문장이 바로 오늘의 제목입니다.

"공부하다 따분하면 일어서도 좋아."는 제가 중학교 입학 후 첫날, 유대인이셨던 도덕 선생님께서 하신 말씀입니다. 많은 경우, 한국 사람들은 저 문장을 보면 '공부하다 힘들면 그만해도 돼.'로 이해합니다. 아이들은 고개를 크게 끄덕이고, 부모님은 고개를 좌우로 소심하게 갸우뚱합니다. 하지만 "공부하다 따분하면 일어서도 좋아."라는 말은 '힘들거나 안 될 때 포기하라.'는 말이 아닙니다. 오히려 그 반대이지요. 똑같은 내용을 다시 한번 보되, 다른 방법, 관점, 태도로 학습하라는 말입니다.

혼자 책을 읽고 정리하고, 설명을 듣고 반복해도 재미없고 잘 안 들어오는 내용은 일어나서 손짓발짓을 섞어가며 친구와 함께 격렬히 질문하고 토론하며 서로의 흥미와 관심을 지속시키라는 것입니다. 노트가 아니라

머릿속에 기억시켜서 언제든 설명할 수 있게 만들라는 의미가 있습니다.

호기심을 가지고 질문하고, 받은 질문을 성의껏 적극적으로 답하고 그 위에 질문을 하나 또 얹어서 상대에게 건네는 것입니다. '하브루타'라고도 합니다. 유대인들은 아주 어릴 때부터 하브루타를 배웁니다. 그들의 첫 대화 짝은 부모입니다. 유대인 부모는 어릴 때부터 자녀에게 질문의 기회를 줄 뿐 아니라 더욱 적극적으로 질문을 하도록 격려합니다. 또한 항상 아이에게 질문을 던집니다. 부모에게서 질문을 받은 아이는 제 답을 찾기 위해 끊임없이 생각하고 부모의 견해에 대응하기 위해 논리적인 방안을 요모조모 고심하는 과정에서 사고력을 키우고 저절로 지혜가 자라게 됩니다.

유대인 부모는 절대 아이를 강제로 앉혀놓고 억지로 공부시키지 않는다. 뭔가 가르치고 싶으면 그것에 관한 질문을 던지고 아이가 직접 그 질문에 대한 답을 찾도록 유도한다. 그래서 늘 '답을 얻기 위해 스스로 생각할 수밖에 없는 질문은 무엇일까?'를 고민한 후 가장 좋은 질문을 골라서 아이에게 던진다. 그런 부모의 노력은 아이에게도 "좋은 질문이란 무엇인가?"에 대해 생각하게 만든다. 질문을 통해 지식을 얻어가는 과정을 재미있게 여기고 주제에 대해 다른 누구도 아닌 자신만의 생각을 갖는 바로 그것이 다른 민족은 따라올 수 없는 유대인만의 탁월한 뇌를 만든다.

『부모라면 유대인처럼 하브루타로 교육하라』 전성수, p. 25, 예담

이제 질문이 유대인 부모 교육의 정말 중요한 요소라는 것을 이해했습

니다. 그런데 여기서 우리는 막힙니다. 그래서 어떻게 질문하라는 건가? 어려운 주문이 아닐 수 없습니다. 좋은 질문이 뭔지, 스스로 생각하게 하는 질문은 어떻게 하는 건지, 그래서 그 답은 어떻게 찾는 건지. 그런 교육을 들어 본 적도, 받아 본 적도 없으니 모를 수밖에요. 그러나 여기서 좌절하면 안 되겠지요. 지금 내 눈앞에 있는 귀한 아이를 스스로 행복하고 자신의 꿈을 이루며 다른 사람들을 돕는 소명을 완수하는 자기 삶의 주인으로 키울 질문들에 대해서 우리 함께 고민을 시작해볼 때입니다.

아래 좋은 질문의 예시가 있습니다. 아이들과 시도해보세요.

우리가 흔히 하는 질문	바람직한(좋은) 질문
선생님 말씀 잘 들었니?	오늘 선생님께 무슨 질문을 했어? 궁금한 게 해결되었니?
숙제 다 했니?	오늘 할 일은 어떤 게 있어? 어려운 것이 있을까?
왜 이 문제를 또 틀렸어?	매번 문제가 달라지는데 어떡할까? 어떤 유형의 실수인 것 같아?
너희 반에 100점 몇 명이야?	잘 했구나. 지난 번과 비교했을 때 어떤 것 같아?
이거 잘 될까?	어떤 결과가 예상되니? 무엇이 가장 중요할까?
엄마가 좋아 아빠가 좋아?	엄마(아빠)랑 무엇을 할 때 좋아? 언제 가장 행복하니?

작심삼일은 사흘마다
한 번씩이면 오케이!

"선생님, 저는 안 될 것 같아요. 수업 그만하고 싶어요."

일주일에 한 번씩 저와 함께 공부하며 좋은 글을 읽고 또 새로운 것을 해보려고 하니 점점 더 부담되는 모양입니다. 다짐을 하고 나니 지키긴 해야겠는데 쉽지가 않은 것이지요. 그 친구에게 제가 보낸 편지를 공유합니다.

자기성찰을 배워가고 있는 사랑하는 ○○에게

○○야, 만약 결심하고, 그 결심을 다 지켰다면 우리는 분명 지금과는 사뭇 다른 사람이 되어 있겠지? 그러나 네 고민처럼 대부분의 결심은 작심삼일 로 가곤 해. 분명 결심할 때는 굳은 마음이었는데 며칠 사이에 마음은 약해 지고 목표는 흐릿해지니 이것 참.

'내가 뭐 그렇지. 역시 난 의지박약이야.' '난 왜 매번 결심만 하는 것일까? 이러다간 아무것도 이루지 못할 텐데.'라는 생각이 하루에도 몇 번씩 든다고 했지? 이런 자기비하나 비판이 틀린 말은 아니지만 맞는 말이라고 하더라도 네 자신에게 딱히 도움되지는 않는단다. 약간의 채찍질과 반성이라면 도움이 될 때도 있지만 그 역시 자기 자신을 믿고 있는 동안에나 가능하지. 또한 한두 번의 실패정도라면 반성할 수 있지만 우리는 계속 실패하기 쉽고, 그것이 우리 자신이기 때문에 자기비하는 근본적인 도움이 안 돼. 실패를 반복하는 순간 나 스스로에 대한 믿음과 자신감은 약해지고 결국 자기를 믿지 못하는 순간을 경험하게 돼. 그리고 그 순간엔 올바른 비판조차 우리 어깨를 무겁게 짓누르는 짐이 되고 말지. 휴우, 장난 아니지? 너희네 표현을 빌리자면 진짜 졸라 힘들어.

그럴 때, 우리는 어떻게 해야 할까? 두 가지만 기억해. 나를 꾸준히 격려할 것. 자신의 절제력이 약하고 의지가 부족함을 쿨~하게 인정하는 거야. '아, 이게 현재의 내 모습이구나.'라고. 지금의 내 모습을 부정하고 숨긴다고 어디로 사라지지 않기 때문이야. 다른 하나는, 나에게 손을 내밀 것. 격려하며 또 해보자고 스스로 용기를 주어야 해. 왜냐하면 부족한 의지가 나의 일부분이듯 여기서 더 발전하고 싶은 열망도 또한 내 것이기 때문이지. 약속에 대한 의지가 강한지, 약한지는 변하지 않는 특성이 아니란다. 계속해서 발전할 수 있는 과정 중에 있다고 보면 돼. 그 과정은 긴 시간이 걸리고 외로운 길인데 그 길에서 내 친구가 되어줄 사람은 누구보다 나 자신이라는 것을 기억하고 자신을 아끼는 ○○가 되길 바란다. 그리고 작심삼일은 말

이야, 사흘마다 한 번씩만 하면 된단다. ^^

                              너의 드림버퍼(꿈의 지지자) 이원영 선생님이.

이 학생은 지금 대학을 졸업하고 어엿한 사회인이 되었습니다.

고등학생 때 저와 함께했던 고민이 아직도 계속되고 있고 자신을 스스로 돌아보게 하는 동기가 된다고 하더군요. 스스로에 대한 격려와 용기가 필요한 시점에 이르면 우리도 작심삼일을 사흘마다 한 번씩 해보면 좋겠습니다. 자기를 성찰하고, 격려하며 앞으로 나아가도록 용기를 주는 일 말입니다.

그녀는 멘쉬(mensch)였어

"○○야, 꿈이 뭐야?"

"돈 많이 버는 거요"

"돈? 돈은 벌어서 뭐하게?"

"잘 먹고 잘살아야죠."

분명히 꿈이 무엇이냐고 물어봤는데 돈 많이 벌겠다는 답이 나옵니다. 그래서 이유를 물으니 나 잘 먹고 잘살기 위해서랍니다. 여기서 막힙니다. 첫 번째 벽입니다.

"○○야, 너는 뭘 잘하고 뭘 좋아하니?"

"몰라요."

"정말? 그러지 말고 한 번 생각해 봐."

"없어요."

아이들이 제일 부담스러워하고 곤란해하는 질문이 바로 자기 자신에 대해 묻는 것인데요, 왜 싫으냐고 했더니 그냥 자기 자신에 대해 생각하거나 묻는 것을 한 번도 해 본 적이 없어 어색하다고 합니다. 두 번째 벽입니다.

부모님을 면담합니다. 아이의 진로 관련해서 감이 전혀 안 오니 그 부분을 잡아 달라 하십니다. 그래서 묻습니다.

"아이가 어떤 사람으로 크길 바라세요?"

무엇을 하길 원하세요?가 아닙니다. 부모님이 바라는 인간상에 대해 질문한 것입니다. 어색한 침묵이 이어집니다. 세 번째 벽이네요.

아이들이 자신의 꿈을 찾기 위해서는 자기를 직면하고 알아야(정체성)하고, 그 자신을 스스로 사랑(자존감)해야 합니다. 그래야 자기가 하고 싶은 것의 가치를 스스로 정하고 책임지려는 마음이 들 것이고 그것이 강력한 동기가 되어 일명 '자기 주도적'인 행동을 할 수 있지요. 아이들이 스스로 고민할 기회를 주어야 합니다. "나는 누구인가? 어디서 왔고 어떻게 살고 무엇을 남길 것인가?"

자녀교육에 많은 노력을 쏟아붓는 유대인 부모가 자녀들이 도달하기를 바라는 인간상을 유대교에서는 한 단어로 표현합니다. 바로 멘쉬(Mensch).

멘쉬는 주위로부터 완전한 신뢰를 받는 사람입니다. 타인과의 관계에 있어 정직하고 반듯한 윤리적인 인간, 자신보다 어려운 사람들을 도와줌으로써 행복을 느끼고 좀 더 나은 관점에서 자신을 돌아볼 수 있는 인간, 쉬운 길을 버리고 어려운 길을 택하더라도 올바른 일을 하면서 정직하게 살아가는 인간, 자신이 가진 지식과 돈, 시간 등을 사회에 환원함으로써 다른 사람에게 필요한 행동을 하는 인간을 뜻합니다.

> 멘쉬는 성공, 부, 명예와는 상관이 없습니다. 훌륭한 인성을 가지고 다른 사람들을 최고의 존경심으로 대하고, 옳은 일을 목적 그 자체로 두고 행하는 반듯한 사람이라면 누구든지 멘쉬가 될 수 있죠. 멘쉬가 되는 것은 인간의 가장 선한 본성과 조화를 이루어 그에 걸맞게 사는 것이라고 할 수 있습니다.
>
> 『공부하는 유대인』 힐 마골린, p.41, 일상이상

네 꿈이 뭐냐고 물을 때 돈 많이 벌어서 떵떵거리고 사는 것이라고 대답하는 아이, 네 재능과 흥미는 무엇이냐 물을 때 생각해 본 적 없어서 모른다고 대답하는 아이, 자녀가 어떤 사람이 되면 좋겠냐고 하니 침묵하는 부모. 한국 교육의 현주소입니다.

부모가 스스로 자녀들이 현재 자신의 위치를 알고 상호소통하며 자존감을 가지고, 자신이 누구인지 어디에서 왔는지를 자신의 미래와 연관해 생각하는 아이로 성장할 수 있도록 돕는 멘쉬가 되었으면 좋겠습니다.

그래서 훗날 아이들에게 "그(녀)는 나의 멘쉬였어."라는 말을 들으면 멋지지 않을까요?

①
나를 찾기 위한 책·영화·다큐 10선

책 읽기

『여자 야망 사전』

전혜성 저, 2007, 중앙books

한마디로 여성을 깨우는 책이다.

그동안 흘러가는 대로 세월에 자신을 내맡기고 잠자던 많은 여성동지들에게 어깨를 쳐서 일어나라고, 과거에 꿈꿨던 그 비전을 다시 한번 꺼내어 보라고, 남의 시선과 의견이 아니라 자신 스스로에게 의미 있는 일을 찾아 날개를 펼쳐 보라고 도전하고 격려한다. 특히 대학시절에 큰 비전과 꿈을 가지고 열심히 살았던 여성일수록 결혼하고 아이를 낳으면서 자신을 잃어버리고 우울증에 빠지는 경우가 많다. 몇 년 전, 엄마와 아내의 역할에 완전히 매몰되는 상황에서 힘들어하는 내게 이 책은 시원한 생수와도 같았다. 그리고 나를 다시 한번 되돌아보고 기억을 되살려 나의 오랜 꿈을 찾도록 도와주었다.

여성들이여, 일어나자. 우리가 할 일이 많다. 꼭 돈을 버는 직업이 아니어도 좋다. 더 행복하고 즐거운 세상을 만들기 위해 우리는 힘을 모아야 한다.

『멈추지 마, 다시 꿈부터 써봐』

김수영 지음, 웅진지식하우스

당신의 꿈은 몇 개입니까?

지극히 평범하고 어떻게 보면 오히려 핸디캡이 많았던 한 소녀가 꿈을 한 번에 하나씩 꽃 피워가는 여정을 그린 책이다. 2010년 발행된 이 책의 초판은 실패해도 다시 일어서며 마음껏 꿈꾸고 신나게 도전해온 저자 김수영의 인생에 대한 뜨거운 기록이자 자신은 시행착오를 거치며 발견한 길을 다른 사람들은 헤매지 않고 찾길 바라는 마음에 쓴 '꿈에 대한 친절한 안내서'이다.

2016년, 6년의 시간 동안 저자가 어떤 새로운 꿈들을 쓰고 어떻게 그 꿈들을 이루어가고 있는지에 관한 내용을 담았다. 자신의 꿈이 무엇인지 모르겠는 사람, 꿈은 있지만 그 꿈을 어떻게 이루어야 할지 막막한 사람, 꿈과 현실 사이에서 망설이며 시간을 보내는 사람들에게 꿈을 찾는 법과 그 꿈을 이루는 방법을 구체적으로 알려준다.

『자존감의 여섯 기둥』

너새니얼 브랜든, 교양인

나 스스로를 어떻게 바라보며 살 것인가?

자존감(Self-esteem)은 나를 존중하고 사랑하는 마음, 나는 사람이므로 귀하고 가치가 있다고 느끼는 것이다. 삶에 대한 긍정적 태도, 자신의 생각과 바람을 편안한 마음으로 남에게 표현하고 자연스럽게 기쁨과 행복을 느끼며 살 수 있는 권리에 대한 긍정과 확신이다.

이 책은 자존감이 무엇인지, 왜 필요한지, 인생의 성공과의 관계, 어떻게 형성되는지, 일상생활에서 자존감이 갖는 위력 등 자존감의 모든 것을 집대성한 저자의 대표작이다. 특히 이 책에서 나오는 아이의 자존감에 대한 내용은 주의 깊게 읽고 정리하면 좋다.

《I Feel Pretty》

에비 콘, 마크 실버스타인 감독, 에이미 슈머 주연. 2018

눈에 보이는 외모가 전부가 아니며, 결국 내면에서부터 차오르는 자신감, 자신을 소중히 여기는 자존감이 사람을 아름답고 매력적으로 만든다는 사실을 유쾌한 코미디로 풀어나간 영화이다. I am Pretty가 아니다. I Feel Pretty. 실제 외모가 변하는 게 아니라 자신을 바라보는 주인공의 시선이 바뀌면서 일어나는 여러 가지 에피소드가 끊임없이 타인과 자신을 비교하며 움츠러드는 현대인들에게 유쾌한 웃음과 생각거리를 준다.

조연들의 캐릭터와 연기도 눈여겨 볼만하다. 완벽한 스펙과 외모를 가졌음에도 자신의 목소리를 콤플렉스로 생각해 스트레스를 받는 여성 CEO '에이버리'로 분한 미셸 윌리엄스의 속앓이 연기, 친근하지만 주변에 흔히 볼 수 있는 평범한 남성이었던 '에단'이 주인공 '르네'의 자신감 뿜뿜 자극을 받고 다정하고 지극한 순애보를 선보이며 자신의 매력을 끌어내는 장면들은 관객들을 깔깔거리며 웃게 만들고 심쿵하게도 만든다.

《먹고 기도하고 사랑하라》

라이언 머피 감독, 줄리아 로버츠 주연. 2010

완벽해 보이는 뉴요커 리즈의 1년에 걸친 나를 찾기 위한 여행이야기다. 제목 그대로의 이야기가 결코 짧지 않은 러닝타임 내내 보인다. 주인공은 이태리어를 배우기 위해 이탈리아로, 명상과 기도를 하기 위해 인도로, 예언자 카투를 만나기 위해 발리로 간다. 그녀는 이탈리아에서 먹고 쉬고 인생을 즐기는 방법을 배운다. 인도에서 주인공은 자신을 용서하고 누군가를 위해 기도하며 마음의 평정심을 찾는 방법을 깨우친다.

'누군가 보고 싶을 땐 마음껏 보고 싶어 하고, 아프면 마음껏 아파하며 자신과 세상을 포용하라'. 마지막에 발리로 가는 주인공은 다시 찾은 평정심과 점점 자신 그대로의 모습을 찾아가는 것에 만족하지만 아직 넘어야 할 큰 고비가 남아있었다. 바로 사랑. 여태 찾아온 자신의 모습을 다시 잃게 될까 두려운 그녀는 사랑으로부터 발걸음을 돌리려 한다. 하지만 떠나려 하는 리즈에게 예언자 카투는 이야기한다.

"때로는 사랑 때문에 균형을 깨는 것도 균형 있는 삶을 살아가는 과정이다."

영화 '먹고 기도하고 사랑하라'는 일과 사랑, 사람들과의 관계 사이에서 나 자신을 잃고, 때로 많은 생각과 과거의 후회로 현재를 덮고 불행하게 사는 사람들에게 자아 찾는 여정을 조금이나마 알려주는 선물 같은 영화이다.

〈버킷리스트: 죽기 전에 꼭 하고 싶은 것들〉

로브 라이너 감독, 잭 니콜슨, 모건 프리먼 주연, 2008

가난하지만 한평생 가정을 위해 헌신하며 살아온 정비사 '카터'(모건 프리먼), 자수성가한 백만 장자이지만 괴팍한 성격에 아무도 주변에 없는 사업가 '에드워드'(잭 니콜슨). 이 두 사람의 유일한 공통점은 오로지 앞만 바라보고 달려온 인생과 그 끝이 얼마 남지 않았다는 것. '나는 누구인가'를 정리하며, 얼마 남지 않은 시간 동안 '하고 싶은 일'을 해야겠다며 의기투합한 두 사람은 버킷리스트를 실행하기 위해 여행길에 오른다. 이제껏 열심히만 살아온 자기 자신에게 바치는 특별한 '버킷리스트'.

세렝게티에서 사냥하기, 문신하기, 카레이싱, 스카이다이빙, 눈물 날 때까지 웃어보기 등 리스트를 차례차례 지워 나가면서 삶의 참된 의미를 깨닫게 된다. 사람은 저질러 본 것보다 저지르지 못하고 차일피일 미루다 결국 하지 못한 일에 더 많은 후회를 한다. 더는 해보고 싶었던 일들을 미루지 말자. 버킷리스트를 하나둘씩 적어보자. 그리고 쉬운 것부터, 금방 실천할 수 있는 것부터 행동으로 옮겨보자. 삶에 놀라운 변화가 일어날 것이다.

〈인생은 아름다워〉

로베르토 베니니 감독, 로베르토 베니니 주연, 1997

"아들아, 아무리 처한 현실이 힘들어도 인생은 정말 아름다운 것이란다."
주인공 귀도가 아들 조슈아에게 온몸으로 표현한 문장이다. 자신이 지켜야 할 것들, 소중한 것을 위해 우리가 할 수 있는 한계는 어디까지인가를 생각하게 해준다.

영화는 비극적인 상황 속에서도 웃음을 잃지 않은 한 아버지의 이야기이다. 그의 삶은 항상 밝았으며 사랑으로 가득한 인생이었다. 참혹한 현실 속에서도 그는 아들에게 게임을 통해 긍정의 힘을 심어주었으며 그러한 아버지의 사랑은 마법처럼 현실로 다가오게 된다. 영화 속 드라마틱한 귀도의 삶처럼 인생이란 그것을 긍정적으로 바라보는 사람들에게만 아름다운 것이다. 어떠한 어려움과 난관이 존재하더라도 그것을 바라보는 시각에 따라 얼마든지 변화가 가능한 것이 우리 인생이다. 잔인한 영화 속 현실은 모든 것을 앗아가고 파괴해 갔지만, 적어도 귀도에겐 이러한 현실도 오히려 아름다운 인생의 일부분이다.

작품성은 물론, 관객들에게도 열렬한 지지를 받은 작품이다. 결코 쉽지 않은 비극적인 소재를, 감독이자 주연을 맡은 로베르토 베니니는 유쾌하고 코믹하게 그리고 담담하게 그려냈다.

다큐엔터리 보기

MBC 특집 3부작 다큐 《여성이 미래다》

1부 '여성행복시대' 여성들의 사회 진출이 늘어나고 그 지위가 높아지면서 그녀들의 삶과 행복 조건에 변화가 생겼습니다. 그 변화는 어디까지인가? 신모계사회의 등장에 대해 이야기한다.

2부 '대한민국에서 여성으로 산다는 것' 세상의 유리천장을 깨고 밖으로 나온 여성, 워킹맘들의 진솔한 이야기를 들어본다.

3부 '여자 그리고 남자, 공존의 조건' 남녀의 차이를 알면 공존의 길이 보입니다. 뇌과학적으로 풀어보는 남녀 특성, 30대 여성들의 경력단절과 사회 제도적인 뒷받침의 필요성, 양성평등 시행에 대한 해외 사례들을 살펴보고 우리가 나아가야 할 방향을 찾아봅니다. 결국, 남녀의 차이와 특성을 이해, 인정하고 조화하는 것이 공존의 방법이라는 결론을 내린다.

EBS 다큐프라임 3부작 《엄마는 무엇으로 사는가?》

엄마가 행복해야 세상이 행복하다.

세상의 모든 엄마는 위대한 모성의 주인공들이다. 그러나 위대한 모성의 깊은 곳을 들여다보면 수많은 엄마가 가부장제와 가사노동, 육아와 교육에 짓눌려 크고 작은 우울증을 겪고 있는 것이 현실이다. 일방적인 희생만을 바탕으로 가정을 유지하는 삶에서 벗어나 건강한 모성을 향해 나아가기 위해 엄마도 행복해져야 합니다. 모든 엄마는 행복해야합니다.

1부 엄마의 힘 / 2부 엄마의 방 / 3부 엄마의 짝사랑

EBS 다큐프라임 3부작 〈당신이 화내는 진짜 이유〉

엄마들은 대부분 마음에 화가 많고, 약자인 아이에게 그 감정을 퍼붓는 경우가 많이 생긴다. 서로에게 깊은 상처를 남기는 일이다. 이 다큐는 우리에게 건강한 정서를 활용하여 감정에 균형을 가지고 관계를 가꾸어갈 방법에 대해 알려준다.

1부 '원초적 본능 화' 화는 어떻게 만들어지고 어떤 식으로 표출되는가? 우리가 무엇을 '화'라고 여기고 있는지 그 오해와 진실을 이야기하고 분노해결 트레이닝을 통한 화를 해결하고 변화는 생활에 대해 풀어본다.

2부 '분노의 조정자, 내면 아이' 화는 어린 시절 상처받은 내면 어린아이의 분노가 성인이 된 자신을 통해 표출되는 것이라고 한다. 내 안의 내면 아이와 만나 화해할 수 있게 하여 지금껏 가지고 있었던 화의 실체를 깨닫고 해결할 수 있다는 것.

3부 '나를 바꾼다. 분노 디자인' 분노를 긍정적으로 조절하고 활용하는 분노 디자인 교육을 통해 우리가 몰랐던 '화'의 놀라운 힘을 새롭게 조명한다.

❷ 아이와 함께 볼만한 책·영화·다큐 13선

아이와 함께 읽을 책

「너는 기적이야」

최숙희 지음, 책읽는곰

너와 함께한 하루하루,
너와 함께한 한 달 한 달,
너와 함께한 한 해 한해가
내겐 모두 기적이었어.

네가 내 아이라는 것,
그게 바로 기적이야.

아이의 이름을 넣어 한 글자 한 문장씩 읽어 내려가다 보면 문득 지금의 힘듦이 사실 아무것도 아님을 느낀다. 아이라는 선물은 이미 충분하게 받은 기쁨과 행복, 사랑과 감사임을 인정하고 바라볼 수 있게 된다. 아이에게 읽고 또 읽어주는 책.

「네안데르탈인의 그림자

데이비드 허친스 지음, 바다출판사

이 책은 사고모델(세상을 보는 관점)에 대한 우화다.
나는 지금 세상을 어떤 눈으로 보고 있을까, 내가 보고 싶은 것, 내가 믿고 싶은 것만 골라서 불완전하게 보고 믿는 것은 아닐까… 그리고 주인공인 부기와 같이 용기 있는 사람에게 돌을 던지며 구별 짓고, 차별하고 때로는 동정하는 것은 아닐까… 심지어 이 불완전한 시선으로 내 아이들의 시선까지도 왜곡하는 것은 아닌가 반성할 계기가 되어준다.

「아이는 사춘기 엄마는 성장기」

이윤정 지음, 한겨레에듀

사춘기 아이와 마음이 통하는 비폭력 대화 실천기이다.
소통 방법을 몰라 힘들어하는 부모와 자녀를 위해 구체적인 사례로 비폭력 대화방법을 다룬다.

"이렇게 대들어도 나를 사랑하나요?"
"이만큼 공부를 안 해도 나를 그대로 봐줄 수 있나요?"
"이런 행동을 해도 받아들일 수 있어요?"
"수시로 변하는 내 마음을 알기는 해요?"
"얼마나 힘든지 느껴지세요?"

부모가 자신을 있는 그대로 존중해주고 사랑해주는지 끊임없이 확인하고 싶은 자녀의 마음에 대해 부모는 어떤 반응을 보일까? 아니 보여야 할까?

「나와 우리 아이를 살리는 회복 탄력성」

최성애 지음, 해냄출판사

인생의 큰 시련 앞에서 좌절하지 않고 역경을 딛고 일어나 재기에 성공하는 사람들. 보통 사람들이라면 주저앉아버렸을 상황을 이겨낸 그들의 힘은 무엇일까?

이 책은 위 질문에 대한 해답으로 '회복 탄력성'을 소개한다. 고통과 시련에 대한 회복이 빠른 이들은 월등히 높고 견고한 회복 탄력성을 지녔음을 뇌파 실험을 통해 실증적으로 입증해 보인다. 회복 탄력성(resilience)이란 원래 제자리로 되돌아오는 힘을 일컫는 말로 심리학에서는 주로 시련이나 고난을 이겨내는 긍정적인 힘을 의미하는 말로 쓰인다. 다양한 환경에서 누적된 스트레스로 힘들어하는 모든 사람이 자신의 회복 탄력성을 향상시켜 보다 행복해질 수 있는 과학적인 방법을 흥미롭게 소개한다.

1부에서는 회복 탄력성의 특성과 스트레스에 대해 다루고, 2부에서는 자신의 감정을 알아차리고 에너지 유출을 차단 및 조율해 회복 탄력성을 키우는 심장 호흡법, 장면 정지법 등을 알려준다. 3부는 관계가 회복 탄력성에 미치는 영향에 대해 조명하고, 4부에서는 교사와 부모들이 아이들의 회복 탄력성을 키워줄 수 있도록 연령별 특성과 문제에 맞는 방법들을 제시하고 있다.

『행운의 고물토끼』

조우석 지음, 한언

『행운의 고물토끼』는 자신의 꿈을 직접 찾아보고, 노력하며, 행복한 행운아가 될 수 있는 방법을 구체적으로 제시한다. 스스로 판단하고 결정하며, 충분히 고민하는 시간을 어릴 때부터 갖는 것이 아이들의 행복한 성장에 얼마나 큰 영향을 주는지 쉬운 문장으로 풀어낸다. 행운의 법칙이 7단계로 정리되어 있고 중간마다 행운의 다이어리 쓰는 방법이 요약되어 있다.

비밀노트에 적혀 있는 것은 새로운 것이 아니었다. 어찌 보면 진부한 이야기들, 너무 쉬워서 누구나 다 알고 있지만 실천하고 있지 않은 것들이었다. 귀찮다고 생각하지 말고, 그것이 뭐 그리 대단한 일이겠느냐 무시하지 말고 우리의 일상에 작은 변화를 일으켜보는 것은 어떨까?

『아름다운 가치 사전 1, 2』

채인선 지음, 한울림어린이

'한국뿐 아니라 세계 어느 나라에도 시도된 적이 없는 독특한 형식의 미덕 책'이다.
활자 속 '정의(meaning)'나 '지식(knowledge)'을 소개하는 책이 아니라 행동하는 '실천'(action)과 마음으로 느끼는 '감정(feelings)'을 중심으로 소개했다.

아이들 눈높이에 맞춘 예화들을 중심으로 설명하여 책의 내용을 이해하기 쉽게 만들었다. 소개된 단어들로 남을 평가하고 판단하는 게 아니라 자기를 돌아보고 자신의 관점을 변화시키게 도와주는 책이다. 하나의 가치가 대상과 기준에 따라 다양하게 해석되고 적용된다는 것을 많은 예를 통해 친절하게 설명했다. 획일적인 사고가 아닌 상황에 따른 열린 사고와 판단력을 기를 수 있는 꼭지를 제공하는 책이다.

매일 잠자리에 들기 전에 하나씩 아이와 함께 읽어보면 어떨까?
아이의 지식은 학교, 선생님, 책이 채워줄 수 있지만 아이의 인성은 부모의 가치관을 기반으로 한 말과 행동으로 형성된다.

아이와 함께 볼 영화

《세 얼간이》

라지쿠마르 히라니 감독, 아미르 칸 주연, 2011

처음에는 유치하고 개념 없는 가벼운 코미디 영화인 줄 알았는데 깨알 같은 유머와 엄청난 감동, 깊은 철학이 담긴 멋진 인도 영화였다.

천재들만 간다는 성적 지상주의의 온상 일류명문대 ICE에 자신의 삶과 교육에 대한 가치관을 가지고 도전하여 승리하는 란초, 아버지가 정해준 꿈 '공학자'가 되기 위해 정작 본인이 좋아하는 일은 포기한 파파보이 파르한, 병든 아버지와 찢어지게 가난한 식구들을 책임지기 위해 무조건 대기업에 취직해야만 하는 라주. 이 세 얼간이가 자기 자신을 찾고 성장시켜나가는 과정을 코믹하게 그린 성장영화이다.

엘리트의식에 사로잡혀있는 다른 친구들과 선생들의 눈에는 꿈과 재능, 자신이 좋아하는 일을 찾으려는 세 사람의 노력이 시간 낭비요, 얼간이 같은 행동으로 비친다. 하지만 자기가 좋아하는 일과 행복을 찾은 세 사람의 모습에서 영화를 보는 사람들은 꿈과 재능, 하고 싶은 일을 하며 행복하게 사는 삶이 얼마나 중요한 것인지 다시 뒤돌아보게 된다. 그것만으로도 이 영화는 성공적이 아닌가 생각한다.

이 영화를 상담하는 학생들과 시청했다. 거의 3시간이 넘는 러닝타임에도 불구하고 학생들은 상당히 재미있게 집중하면서 보았다. 결국 꿈을 찾는 것이 중요하고, 하고 싶은 일을 하면서 행복해지려면 공부 또한 열심히 해야 한다는 재미없는(?) 결론으로 감상을 마무리했다. 하지만 '란초'라는 인물처럼 되고 싶다는 아이들의 이야기에서 스스로 행복해지고 싶다는 열망이 있다는 것이 무척이나 반가웠다.

《빌리 엘리어트》

스티븐 달드리 감독, 제이미 벨 주연, 2000

1980년대 영국 역사상 가장 긴 광부 대파업을 배경으로 한 11살 소년 빌리 엘리어트의 성장을 그린 영화이다.

불안정한 사회, 가정 속에서 자신의 꿈을 찾아간다는 전형적인 성장 영화이지만 '현실'과 '이상'을 번갈아 보여주면서 그 불가분의 얽힌 관계를 섬세하게 그려낸다. 예를 들면, 빌리가 런던에 오디션을 보러 가기로 한 날에 하필이면 형인 토니가 체포되고, 아버지가 빌리의 재능을 알고 가슴이 벅차오를 때 그가 선택할 수 있는 길은 학비를 대기 위해 파업을 포기하는 일이며, 빌리가 합격 통지서를 받은 기쁜 날에 아버지는 파업이 끝났다는 비보를 듣게 되고, 빌리가 꿈을 펼치러 런던으로 떠나는 날, 아버지와 토니는 석탄을 캐기 위해 지하 갱도로 내려간다.

빌리 엘리어트가 성장 영화로서 명작으로 꼽히는 이유는 '꿈은 반드시 이루어진다.'는 식의 단순한 메시지만을 전하는 것이 아니기 때문이다. 꿈을 이루기 위해서 싸우거나 희생해야 하는 현실의 문제까지 꼼꼼히 다루고 있다. 영화의 마지막 장면은 빌리가 무대에서 백조가 되어 도약하는 대목에서 멈춘다. 마침내 꿈을 이룬 그는 이제 더 이상 하강하는 모습을 보이지 않는다. 이어지는 엔딩 크레디트에서는 다시 침대 위를 점프하는 빌리의 모습이 반복해서 보인다. 이상으로의 점프를 위해 그만큼 현실로의 하강을 겪어야 할 또 다른 빌리 엘리어트들을 향한 영화의 격려가 엔딩 크레디트에 담겨 있다. 이 영화는 반복해서 보면 볼수록 매번 강하게 느끼는 포인트가 달랐다. 처음엔 빌리의 감정에 이입했다가, 두 번째 볼 땐 빌리의 아버지에게, 세 번째에선 빌리의 형과 빌리를 가르친 윌킨슨 부인의 관점에서 볼 수 있었다. 한 번쯤은 아이와 함께 보길 권한다.

〈굿 윌 헌팅〉

구스 반 산트 감독, 매트 데이몬 주연, 1998

우리는 살면서 뜻하지 않는 순간 위로를 받거나 깨달음을 얻는 때가 종종 있다. 영화 굿 윌 헌팅에도 있는데 바로 'It's not your fault.' (네 잘못이 아니야.)라는 문장이다.

주인공 윌 헌팅은 빈민 거주 지역에 살며 MIT에서 공부 대신 청소를 하는 인물인데 노벨상을 받은 교수들조차 어렵다고 여기는 문제를 쉽게 풀어내는 수학 천재이다. 폭행죄에 연루되어 감옥에 갈 상황에서 그의 비상한 재능을 알게 된 한 교수는 그가 구치소에서 나올 수 있게 도와준다. 구치소에서 나온 윌은 교수의 노력에도 불구하고 전혀 태도가 나아지지 않고, 교수는 자신의 동창인 숀 맥과이어(로빈 윌리엄스)를 찾아가서 윌을 부탁한다. 숀은 윌의 가슴 속에 자리한 아픔과 상처를 살피며 그에게 공부 이상의 것을 알려주고, 마침내 자신의 앞에서 과거의 상

처를 고백한 윌에게 숀은 그 유명한 한마디를 건넨다. 'It's not your fault.'

이 영화는 단순히 숨겨진 천재가 재능을 찾아 발휘하여 성공한다는 내용이라기보다는 주인공이 과거의 상처를 딛고 조금씩 앞으로 나가는 일종의 성장영화라 할 수 있겠다. 우리는 살면서 많은 실패를 하고 상처를 입고 그 과정에서 좌절하게 된다. 누군가의 따뜻한 위로 한 마디, '너의 잘못이 아니야'라는 한마디가 간절해지는 그 때 '굿 윌 헌팅'을 보길 추천한다.

《인사이드 아웃》

피트 닥터 감독, 애니메이션, 2015

모든 감정에는 이유가 있다.
생명체라면 필연적으로 느끼는 기본적인 다섯 가지 감정(기쁨, 슬픔, 두려움, 짜증, 분노) 자체는 긍정/부정의 판단을 받지 않고 그대로 느끼고 소화되어야 한다.

이 영화는 다른 사람의 시선에 갇혀 자신의 감정에 솔직하지 못한 사람들에게 성장하면서 변화하는 감정들을 존중하여 좀 더 단단하고 건강한 행복을 추구하도록 설득한다.
초반에 왜 우냐고 다그치는 기쁨이에게 슬픔이는 이렇게 말한다. "울음은 인생의 문제에 너무 얽매이지 않고 진정하도록 도와줘.." 그렇다. 슬픔은 사람을 진정시키고, 두려움은 조심시킨다. 분노는 지키고, 짜증은 비판적이다. 모두가 존재의 의미를 지니고 있다.

사람은 여러 상황 속에서 다양한 감정을 느끼며 성장해 간다. 평범한 기억들이 반복되면서 핵심기억이 되고, 핵심기억에 살을 붙이면서 평생에 걸쳐 자신만의 색으로 삶을 칠한다. 복잡 미묘한 인간의 내면세계와 삶의 시각을 고스란히 반영한 영화이다.

아이와 함께 볼 다큐멘터리

EBS 다큐프라임 5부작 〈아이의 사생활〉

아이를 키울 때 가장 중요한 것은 부모의 교육 철학과 원칙이다.

아이의 건강과 인성을 무엇보다 중요시하고, 재능과 소질을 파악하며, 장차 어떤 사람이 되었으면 좋겠는지 목표와 계획을 함께 세운다. 그것을 이루기 위해 부모는 어떤 환경에서 어떤 내용을 무엇으로 어떻게 가르칠지, 자녀 교육의 원칙을 세워야 한다.

모든 부모는 아이가 자신의 인생을 행복하게 영위하고 지금은 물론 어른이 되어서도 행복이 지속하길 희망하지만 다양한 행복의 조건이 충족되더라도 아이 스스로 행복하다고 만족하지 못하면 부모의 노력은 물거품이 되고 만다. 그래서 내 아이에 대한 깊은 이해와 관심이 필요하다.

1부 '나는 누구인가'에서는 아이의 타고난 개성과 두뇌 발달 과정, 두뇌 능력에 따른 효과적인 양육법을 소개하고, 2부 '남과 여, 그들의 차이'에서는 아들과 딸이 다른 이유와 아이의 두뇌 성향을 눈여겨보는 법을 알아보고, 남녀의 특성에 맞게 맞춤 교육법을 짚어본다. 3부 '다중지능, 나만의 프로파일을 찾아서'에서는 최근 트렌드인 다중지능 이론에 따라 내 아이만이 가진 강점 지능과 약점 지능 찾는 법을 알려주고, 강점 지능을 키워 성공의 발판을 마련 할 수 있는 노하우도 소개한다.

그런데 자녀 교육에서 무엇보다 중요한 것은 인성, 즉 사람 됨됨이다. 아이가 가진 재능이나 지능이 성공으로 귀결되더라도 반드시 인성이 뒷받침되어야 한다는 것에는 그 어떤 교육자도 이의를 달지 않는다. 4부 '도덕성, 작지만 위대한 출발'에서는 아이 연령에 따른 도덕성 발달을 짚어본다. 아동기의 도덕성 교육이 왜 중요한지, 도덕성을 키우려면 어떻게 해야 하는지 알아보고, 도덕성이야말로 최우선으로 삼아야 할 성공 조건이자 행복 조건임을 일깨운다. 5부 '또 하나의 경쟁력, 자아존중감'에서는 자신을 존중하고 사랑하는 아이로 키우는 양육법을 소개한다. 자기 가치를 인정하고 만족할 때 행복이 완성된다는 사실을 깨닫게 도와주는 아주 좋은 다큐이다.

EBS 다큐프라임 6부작 《우리는 왜 대학에 가는가?》

초중고 12년 동안 입시 전쟁을 겪고 대학생이 되었지만 학점과 취업이라는 장애물 앞에서 나를 잃고 맹목적인 질주하는 대한민국 청춘들에게 질문을 던지는 프로그램이다.

'왜 우리는 대학에 가는가?' 1, 2부 '어메이징 데이'는 전국 10개 대학교 44명의 대학생 다큐멘터리스트들이 6개월간 기록한 대학의 6가지 이야기(배움, 관계, 시험, 연애, 돈, 취업)를 '하루'라는 시간 속에 담았다. 고등학교의 연장이 된 질문 없는 강의실, 취업을 위해 관계를 단절하는 자발적 아웃사이더, 88만 원 세대의 슬픈 자화상, 지방대생의 취업 고민까지 담았다. 대한민국 청춘들의 진술한 자기 고백과 그 청춘들이 우리 사회에 던지는 목소리이다. 3, 4부 '인재의 탄생'은 많은 대학과 기업의 혼재된 인재상으로 인해 자신의 길을 발견하지 못하거나 혹은 헤매고 있는 대학생, 취업준비생들이 출연하여 6개월의 멘토링을 통해 진정한 인재상에 대해 깨닫고 변화하는 과정을 담았다. 5, 6부 '말문을 터라'는 질문과 생각이 사라진 오늘날의 대학 강의실을 탐구하고 말문을 트는 것을 시작으로 진정한 배움을 찾아가는 과정을 보여준다.

이 다큐는 막연하게 대학만 가면 모든 것이 다 잘 풀릴 것이라는 환상을 가지고 있는 청소년들에게 현실을 바로 볼 수 있도록 도와준다.

MBC 스페셜 2부작 《내 아이를 위한 사랑의 기술》

부부관계가 가정의 화목을 좌우한다면, 부모자녀 관계는 아이의 인생을 결정합니다. 부모와 의견이 대립할 때, 동생과 싸워 화가 났을 때와 원하는 바를 이루지 못해 실망했을 때 우리 아이들이 받는 스트레스는 얼마나 될까요? 아이들의 스트레스를 낮추고 아이와 더 가까워질 수 있는 절호의 기회를 잡는 방법을 배워봅니다.
미국의 유명한 가족치료 전문가 가트맨 박사가 연구한 감정코칭 5단계를 제시하고 아이를 바꾸는 기적의 감정지도법을 소개합니다.

1부 '엄마, 내 마음 알아?'에서는 감정을 다 받아주되, 행동을 고쳐주라는 가트맨 박사의 기적의 감정코칭 법, 우리나라 부모들의 감정코칭 현주소를 사례를 통해 알아보고 나 자신은 어떤 부모인지 진단해볼 수 있습니다.

2부 '행복한 아이로 키우는 감정코칭'에서는 아이와 가까워지는 것이 진짜 교육이라는 명제 아래 기초학력이 높은 아이일수록 부모와 대화를 많이 하며 아버지와 대화를 많이 할수록 창의력이 높아진다는 교육부와 한국메사연구소의 발표를 통해 부모의 역할이 얼마나 중요한지 말해줍니다. 또한 행복한 아이의 조건이 무엇인지 짚어보고 새로운 감정지도법으로 행복지수를 높이는 부모가 되길 응원하고 격려합니다.

아이와 가까워지는 감정 코칭 5단계

1. 아이의 감정 포착하기
2. 좋은 기회임을 인식하기
3. 아이의 감정을 인정해주기
4. 감정을 표현하도록 도와주기
5. 문제를 해결하도록 이끌어주기

도서출판 이비컴의 실용서 브랜드 **이비락**🐝은 더불어 사는 삶에 긍정의
변화를 줄 유익한 책을 만들기 위해 끊임없이 노력합니다.

원고 및 기획안 문의 : bookbee@naver.com